匠心传承

| 主编 | 潘天波

| 参编 | 胡玉康　邓文杰
张宇琦　张慧朝
邵　媛　王景会
陈纳维

中国劳动社会保障出版社

图书在版编目（CIP）数据

匠心传承 / 潘天波主编 . -- 北京 : 中国劳动社会保障出版社，2024. --（全国技工院校公共基础课程工匠文化教材）. -- ISBN 978-7-5167-6403-9

Ⅰ. B822.9

中国国家版本馆 CIP 数据核字第 2024TG1815 号

中国劳动社会保障出版社出版发行

（北京市惠新东街 1 号　邮政编码：100029）

*

北京华联印刷有限公司印刷装订　　新华书店经销

787 毫米 ×1092 毫米　16 开本　8 印张　176 千字

2024 年 7 月第 1 版　　2024 年 7 月第 2 次印刷

定价：22.00 元

营销中心电话：400-606-6496

出版社网址：http://www.class.com.cn

http://jg.class.com.cn

前言

中国古代历史上，工匠如恒河沙数，虽鲜有留名者，但正是他们，在默默无闻中以卓越的技艺和辛勤的劳作，推动着中华文明不断进步。他们所创造的文化，已然成为中华文明史不可或缺的璀璨篇章。

在原始社会的分工进程中，工匠逐渐与农业人口分离，形成了人类社会最古老的阶层之一。在中华文明发展的早期阶段，工匠们不仅发明了耒、耜等农具及相关的农业技术，还创造了金属冶炼和铸造技术，为农业发展奠定了坚实的基础，使得定居生活成为可能。此外，工匠们还发明了车轮和畜力车，这一创造使生产力迈上了新台阶，显著扩大了人们的活动范围，使得人口能够进行长距离的迁徙，大量荒地也因此得以开垦。在中华文明攀向高峰的历程中，工匠们不断改良书写材料和印刷技术，大大加速了文化传播。这一时期，他们在桥梁水利技术方面的实践与创新，为社会稳定、人民安居乐业提供了有力保障，也进一步推动了经济和文化的发展。

中国古代工匠秉持着精益求精与开拓创新的精神，不仅积极参与塑造了中华文明的全过程，更为全人类文明的交融与演进贡献了中国智慧与力量。指南针的发明奠定了地理大发现的基础，引领了世界探索的新篇章；黑火药的创制则拉开了战争形态变革和各国兵制改革的序幕，深刻影响了世界军事历史的发展；而丝绸与瓷器的精良制作不仅拓展了全球贸易的版图，更促进了东西方文化与艺术的深度交流与融合。

悠悠五千年岁月，工匠文化的发展犹如大河奔流，从未停歇。如今，站在新时代的时空坐标上，技能学子们该如何再创中华工匠文化的辉煌？

习近平总书记指出："只有全面深入了解中华文明的历史，才能更有效地推动中华优秀传统文化创造性转化、创新性发展，更有力地推进中国特色社会主义文化建设，建设中华民族现代文明。"技能学子要自觉传承自古以来的工匠文化，将五千年中华匠心发扬光大，树牢技能成才、技能报国理想信念，用火红的青春为中国式现代化挺膺担当。

本教材旨在开启一段工匠文化传承之旅，引领技能学子沿光阴长河溯流而上，去探寻一张张工匠诚挚的面庞，去领略一双双巧手中绽放的文明之光。为此，教材选取了交通运输、桥梁水利、农业耕作、手工技艺、文化传播、冶金军事 6 个领域，对其中的 14 种具有代表性的中国古代工匠发明创造进行了详细介绍，包括车轮、指南针、大运河、都江堰、赵州桥、垄耕法、铁犁、丝绸、瓷器、蔡侯纸、活字印刷、青铜器、鼓风器以及火药与火器。同时，为了更生动地介绍古代工匠文化，教材还特地选取了与上述发明创造相关的"造车鼻祖"奚仲、水利工程专家李冰、蔡侯纸发明者蔡伦、造桥大师李春等名家巨匠的事迹，通过讲述他们的传奇人生故事，展现历久弥新的工匠精神，突显古代工匠对中华文明乃至世界文明发展所作出的卓越贡献。

从结构安排看，教材按发明创造的领域和种类编排了 6 个单元、14 课，每课设有"造物小史""中华名匠""文明价值""匠心接力" 4 个栏目。其中，"造物小史"讲述核心知识；"中华名匠"是"造物小史"的故事化补充；"文明价值"提升观察角度，基于世界文明视野，审视本课所述发明创造对人类发展的影响；"匠心接力"则回顾本课知识，引导学生体悟史实和故事蕴含的拳拳匠心。这 4 个栏目在一课之内形成层层递进、螺旋上升的完整体系，旨在将知识教学与情感态度价值观教育相结合，为实现课程思政目标提供充分支持。

求木之长者，必固其根本；欲流之远者，必浚其泉源。希望通过学习这本教材，技能学子们既能深刻认识中国古代发明创造的巨大价值，又能深入理解古代工匠从事这些发明创造的原动力，体会他们不畏艰难、矢志成功的初心，通过这样"入微"的学习，让匠心"入心"，为将自身锻造成新时代的技能先锋打下坚实基础。

编者

2024 年 6 月

目录

匠心传承

第一单元 交通运输

车轮 驶向远方 /2

指南针 匠心致远 /8

大运河 发展之脉 /16

第二单元 桥梁水利

都江堰 水利之光 /28

赵州桥 造桥丰碑 /36

第三单元 农业耕作

垄耕 丰产之法 /44

耕犁 农业利器 /50

第四单元 手工技艺

丝绸 织造之美 /60

瓷器 中国名片 /68

第五单元 文化传播

蔡侯纸 文明载体 /78

活字 印版革新 /86

第六单元 冶金军事

青铜器 文明之铸 /98

鼓风器 冶金助力 /106

火药和火器 战争力量 /114

第一单元

交通运输

车轮

驶向远方

先秦文献有“千乘之国”和“万乘之国”的记载。何谓“乘”呢？古代称一辆四匹马拉的车为一乘。“乘”是先秦军队力量对比的重要参数，是衡量诸侯国强弱的重要标志，由此可见马车在当时的重要性。马车由很多部件构成，其中的车轮在今天看来很普通，却是人类文明史上的重大发明。

造物小史

国之重器

相传，大约 4 600 年前，黄帝发明了车轮。据《墨子》等书记载，夏朝工匠奚仲发明了用于陆地运输的车辆。通过考古发掘，人们在河南偃师二里头遗址和河南淮阳平粮台遗址中，均发现了车辙痕迹，分别距今约 3 700 年和 4 200 年。在平粮台遗址中发现的一段车辙是双条并行的，间距 0.8 米，这说明在夏朝建立之前，中国人已经发明并使用双轮车。

车辆发明后，它们不仅成为重要的交通工具，还被用于战争。据《尚书》记载，夏朝时已出现了大规模车战。从出土的商代晚期战车看，当时的车有双轮，一般由 2 匹马拉动，车轴上安装车厢。车轮较高，轮径约 1.35 米；两轮之间的距离在 2 米以上。《左传》中有一句话：“国之大事，在祀与戎。”战车对于国家的重要性使得造车成为战国以前官方的重要活动。

平粮台遗址发现的道路及车辙痕迹

精良制造

春秋战国时期成书的《考工记》详细记载了木车的制法，尤其重点阐述了车轮的制作要求与检验方式。《考工记》指出：“察车自轮始。凡察车之道，欲其朴属而微至。”“朴属”指结构坚固；“微至”指车轮圆正，着地面积小，可以使行驶中的车轮快速运转。车轮要大小适中，过大则难以登车，过小则徒耗马力。车轮的组成构件有毂、牙、辐，两轮以轴相连。毂是轮中心的圆木部件；牙是轮圈，又称辋；辐是车轮中连接毂和牙的直木条。《考工记》对车轮的制造要求

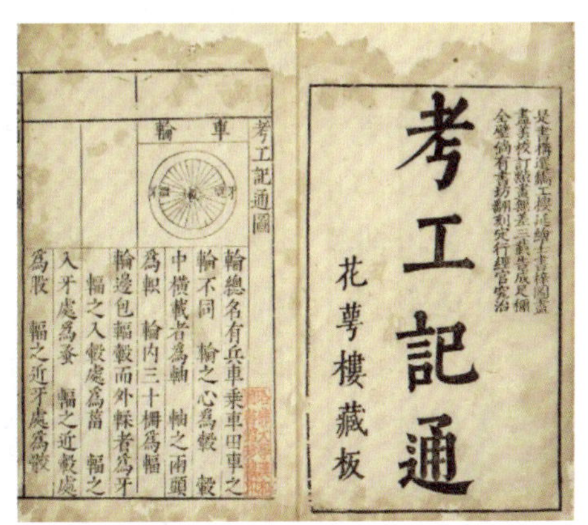
考工記通

花萼樓藏板

考工記通圖

車輪

有：毂应转动灵活；辐应光滑匀称，与毂和牙装配得无偏倚；牙由几条曲木合成，合抱应紧密结实。

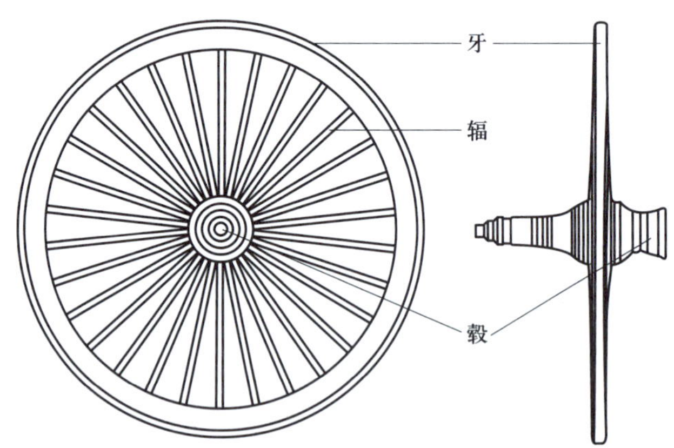

车轮制作完成后，应做到坚固耐用。《考工记》中收录了六种检验方式：用圆规检验轮圈是否圆正；用正轮之器检验轮子两侧平面是否平整；用悬垂绳检验上下辐条是否对直；浸入水中检验车轮质量分布是否均匀；用黍粒测量轮轴与毂的间隙，看内外是否相等；用秤测量两轮的重量是否相等。从上述检验方式可见，先秦时期车轮制造已成为一项高度技术化和专业化的工种。

巧妙设计

车轮设计蕴含着古代匠人的巧技、巧思，也符合现代力学的原则。以下是一些例子。

尺寸：轮辐的截面宽度，应等于轮毂上的榫孔深度，以及轮辐插入轮毂的榫头长度。这被认为是世界上最早的关于肱梁尺寸的经验数量关系。

轮毂：经常行驶于泥泞地面的车辆，车轮所受阻力大，因此轮毂设计较短，以减少轮毂与车轴接触面积的摩擦力；经常行驶于山地的车辆，总要上下颠簸，因此轮毂设计较长，以增加车厢的稳定性。为提升坚固程度，匠人们会在轮毂上缠束皮革，再打磨涂漆。为防止车轴损坏，从战国开始，工匠们分别在轴外侧与毂内侧各装配一个铁圈，并在两铁圈之间涂上润滑油脂，以利于车轮转动。

轮绠（bǐng）：这种设计是指轮毂上的榫孔倾斜呈一个固定的角度，使轮辐均向内侧偏斜，轮面呈中凹的扁平锥体。行驶时，轮辐有内倾的分力，使轮不易外脱。道路不平时，即使车身向外倾斜，由于轮绠的调节作用，车子也不易翻倒。这样的车轮直到 15 世纪以后才在欧洲出现。

轮圈：古代有的车轮轮圈横切面呈外侧窄、内侧宽的腰鼓形。这样的构造使车轮着地面积小，阻力随之减少，从而利于提高车速且便于转向。轮圈内侧外凸还可使车轮更易将泥甩出。

中国古代的车轮设计与制造在先秦时期就已经趋于成熟。汉代，劳动人民又发明了独轮车，成为一直沿用至今的劳动工具。

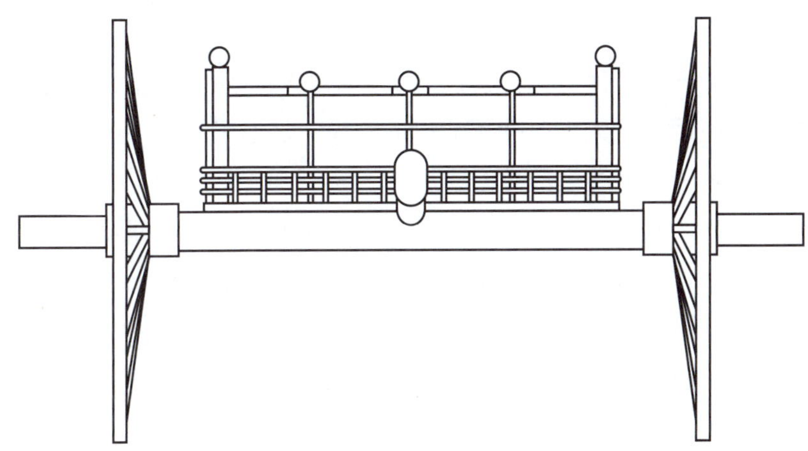

河南辉县出土的战国车辆的轮绠结构

中华名匠

奚仲

奚仲，任姓，薛国（今山东滕州）人，中国夏朝时期伟大的工匠、发明家。相传他是造车的鼻祖。

在夏禹当政时，奚仲因造车有功，受封于薛国，并被授予车服大夫（亦称“车正”）之职。车正是夏朝时负责车船的官员。

奚仲发明的车辆大大减少了人们的体力劳动，提升了人们对制造和改良工具的重视程度，使一部分具有专项技能的人成为专门从事各种制造工作的工匠，进一步促进了生产力发展和社会进步。另外，传说奚仲为了解决车的牵引力问题，主张并号召乡人蓄养牲畜。据史料记载，夏朝灭亡之后，奚仲的后代仲虺完成了祖先的蓄马遗愿。仲虺是商汤的左相，是助汤灭夏的功臣。他重视工匠，倡导养马，使得马车得以普及。至春秋时期，大型战车已经普遍被使用，这大大改变了战争的格局，加速了战争的进程，继而也影响了当时社会的政治格局。

中国古代有许许多多像奚仲一样的工匠。由于早期发明多是由工匠集体创作，而且所造器物上没有工匠姓名，作为车服大夫的奚仲就成了人们心目中车的发明者、革新者。或者说，奚仲已然成为中国古代造车工匠的代表。

文明价值

从文明史视角考察，车轮和车辆的发明具有非凡的文明意义。

车轮和车辆的发明使远距离运输成为可能。车辆的使用大大减少了人的体力劳动，节约了劳动时间，使大量人员和货物能较方便地实现远距离运输。

车轮和车辆的发明推动了社会经济发展。随着车辆的普及和远距离运输规模的扩大，社会生产资料和产品调配更加便利，技术和文化传播更加便捷，这些又反过来促进了生产规模的扩大和技术、文化的发展。车辆的使用还推动了道路建设。道路与车辆共同为社会经济发展提供了助力。

车轮和车辆的发明促进了文明交流互鉴。车轮和车辆的发明使人们的行动范围迅速扩大，地域不再封闭，显著消除了人类族群的隔阂。无数车轮碾过原野、乡村和城市，将各种文明的花粉撒播到世界各地，推动着历史之车在一轮轮春华秋实中驶向远方。

匠心接力

1. 有人说，中国古代并非只有“四大发明”，还有很多具有重要影响的发明创造，例如奚仲造车就不亚于“四大发明”。请谈谈你对中国古代工匠作用和贡献的认识。

2. 在以奚仲为代表的工匠身上，我们不仅看到了执着专注、精益求精，更看到了创新的伟大。作为新时代的技能学子，我们如何在实践中传承先人的工匠精神？

指南针

匠心致远

今天的智能手机普遍安装有导航系统或者模拟指南针的定向软件，它们为人们的出行提供了方便。那么，你知道中国古人用什么方法或仪器来测定方位吗？也许你听说过司南、罗盘这些称谓，你可知它们是怎样的仪器？与指南针有怎样的关系？它们给世界文明带来了哪些影响？

造物小史

指南针是中国古代四大发明之一，是劳动人民运用关于磁石磁性的知识，制造出来的能测定地理方向的一类仪器。指南针一经发明即应用于航海、军事等领域；后辗转传入文艺复兴前夜的欧洲，在大航海时代发挥了不可替代的作用。

司南

据先秦和秦汉文献记载，当时工匠发明的方向指示仪器称为“司南”。学者们认为司南是最早的指南针。其原理是把天然磁石打磨成勺子的形状，置于一个刻有方位的铜质方盘之上，由于磁石磁场和地球磁场有相互作用，勺柄可指向南方。汉代有一种玉佩，形若司南。可见当时人们对司南的认知程度不低。然而，打磨天然磁石易使其退磁，且磁石制成的勺状物与铜盘间的摩擦力较大，导致如此制作的仪器很难指示正确方向。人们估计这是司南在相当长的时间内未被广泛应用的主要原因。

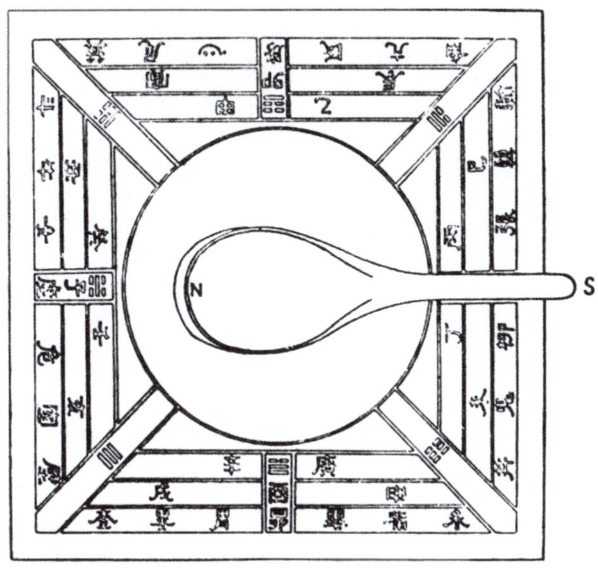

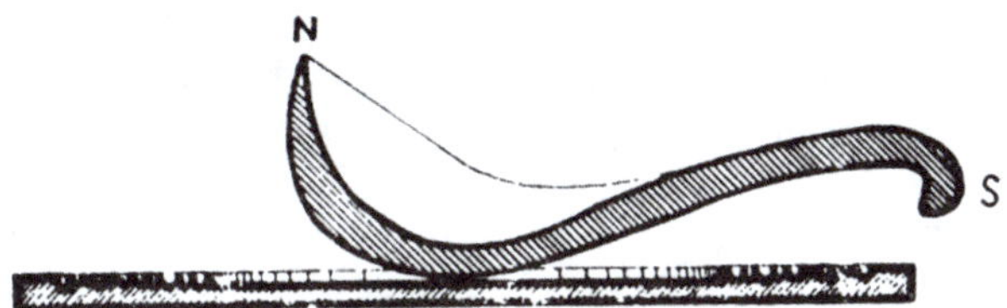

● 学者王振铎根据文献记载制作的司南

● 东汉司南形玉佩

“指南鱼”和水罗盘

由于天然磁石容易失去磁性，被天然磁石磁化的铁质物品（人工磁石的一种）逐渐成为制造指南针的主要材料。北宋时期的文献中已出现关于用人工磁石制造指南针的明确记载。北宋兵书《武经总要》记载了“指南鱼”的制法，即将剪成鱼形的薄铁片，高温烧热后用铁钳取出，使其鱼尾朝北，然后浸入冷水，利用地球磁场使其产生磁性。使用时使它浮在水面上，鱼头就可指南。北宋科学家沈括在其著作《梦溪笔谈》中记录了更简便的指南针制作方法：将磁石磨成针，以水浮法、指爪法、碗唇法或缕悬法架设。其中，水浮法是指将磁针横穿过几段灯草，放入盛水的瓷碗中，使磁针浮于水面并指示方向。北宋时期的相关研究、记录，为随后罗盘的制造奠定了基础。

水浮法指南模型

元代指南针瓷碗

将磁针安装在刻有具体方位的器物中，就组成了罗盘。因磁针的支承原理不同，罗盘分为水罗盘、旱罗盘两种。水罗盘的制造工艺与“指南鱼”及沈括所说的水浮法近似。北宋朱彧在书中记载：“舟师识地理，夜则观星，昼则观日，阴晦观指南针。”这是目前所知海船上使用指南针的最早记录，其类型为水罗盘。

宋代以后，水罗盘在航海中的运用已非常普遍，无论是近海的南粮北运，还是远达东南亚、南亚、东非的商贸往来，均离不开其指引航向。明代郑和下西洋时仍在使用水罗盘，并搭配使用海图、星盘等器具，使远洋航行中能辨清航路。

旱罗盘

旱罗盘至迟发明于南宋时期。其制法在南宋书籍中如此记载：在一木质乌龟模型内安好磁化的铁针，龟腹中心挖一凹槽，置于一垂直固定于木板且尖端朝上的竹钉之上。这样支点处摩擦力小，旋转灵活，指向较为准确。此后，旱罗盘的形制不断发展。江西临川的一处南宋墓出土了手执旱罗盘的陶俑。陶俑所持旱罗盘上有指示 16 个方位的刻度，中央有指针，其圆心的圆孔说明有轴支承结构。

南宋墓出土的执罗盘陶俑

旱罗盘于 12 世纪到 13 世纪期间传入阿拉伯和欧洲。明清时期，经欧洲人改进的旱罗盘又传回中国，并逐渐替代了水罗盘。

中华名匠

吴鲁衡家族

吴鲁衡是清代著名工匠，安徽省休宁县万安镇人。吴鲁衡从小刻苦学习罗盘制作技术，很快便精通了整套制作工艺，成为同

行工匠中的佼佼者。清雍正年间，吴鲁衡在万安镇老街上创设店铺，经营罗盘等产品。他和他的后辈坚守严谨工艺，精益求精，一丝不苟，所制产品上继古法，下开新路，不但在徽州本地流行，还沿着徽商足迹畅销全国，后又传入东南亚和欧美，成就了吴鲁衡罗盘近300年的传奇。

在外行人看来，罗盘多少有点儿神秘；在吴家传人眼里，罗盘就是测量工具，首要要求是精准。吴氏家族强调罗盘制作的专业性，他们认为非专业制作的罗盘只能算作玩具，只有经过深入钻研，以专业工艺制作出来的罗盘才有使用价值、收藏价值和文化价值。

吴鲁衡罗盘的制作过程工序分明，要求严格。工作时，工匠们是不允许说话的，因为一说话就容易出错。吴鲁衡罗盘制作需要经过选料、车盘、分格、清盘、写盘、油货、安针七道工序手工完成，看似简明，实则非常繁复且严苛。在这些工序中，选料、分格、写盘、安针这几项尤显功力。选料方面，吴鲁衡罗盘采用的虎骨木很稀有且木料的生长期需要达到30年以上，其木质细腻而坚实，易上墨，不易变形。分格工序中，要依照不同型号、盘式的图谱，从同一圆心以长短各异的半径划圆周为横格，再按不同的测量体系画刻径向的竖格，不能有丝毫误差。写盘工序更需极度的耐心和细心，要在比脸大不了多少的盘面内，就着密如蛛网的分格刻线，写下数以千计的文字。其中最小的字长宽不到1毫米，还必须字形美观、笔画清晰，更不能失误，否则将前功尽弃。安针是最

• 吴鲁衡罗盘（当代）

精密的工序，一般由吴氏传人亲自操作。此道工序先要将钢针放置于天然磁石上，使其磁化，然后再安装磁针。安装时要精密测定针的重心，然后将磁针牢固地安放在圆孔里，而且不能使支点产生阻力，以便于指针自由转动。磁针装毕，最后封盖圆玻璃片，一具罗盘才算真正制作完成。

吴鲁衡罗盘的传承并非仅靠顺境中的精进，更有逆境中的坚忍。吴家的镇店之宝是一块磁陨石。在漫长的岁月中，这块天然磁石是吴家赖以制作人造磁针的基础。晚清的江南兵荒马乱，吴家第四代传人吴肇瑞携家人逃难，将这块祖传的磁石藏于怀中。不料路遇乱兵索要钱财，他们特别盯上了吴肇瑞怀中之物。吴肇瑞为保罗盘制造基业不失，誓死不从，遂被乱兵杀害。后来，兵匪翻出吴肇瑞怀中的磁陨石，却以为仅仅是普通石头，便随手丢弃，幸被跟随的家眷捡回。这才有了大难过后的技艺传承和家业重振。

开拓创新是吴鲁衡家族事业兴盛的重要法宝。早在清雍正年间，吴鲁衡就已开始制作日晷，并在固定式日晷的基础上创制了便携式手工木质日晷。此晷为长方形，可以开合。上半部表面描画有刻度，分十二时辰（后续产品加入了24时刻度），中间装有一根与盘面垂直的晷针；下半部装有指南针，周围分布若干罗经圈层。使用时，需将此晷上半部支起，支撑角度按节气确定，再依指南针所示对准北方，这样晷针便能在日光下投影，从而指示时刻，精度很高。1915年，吴鲁衡后人吴毓贤与其长子吴慰苍合作制作的日晷，获得了巴拿马万国博览会金奖。

▪ 便携式日晷

300年是一段漫长的时光，吴鲁衡和他的后人恪守匠心，不断将“吴鲁衡”品牌和传统工艺发扬光大。如今，万安罗盘制作技艺已被列入国家级非物质文化遗产代表性项目名录，吴家传人则成为国家级非物质文化遗产代表性项目代表性传承人。在我国，像吴鲁衡及其后人这样的工匠还有很多，指南针这一伟大发明也必将在中华大地上不断绽放新的光芒。

文明价值

指南针的发明和应用推动了我国古代经济文化的发展，促进了中外文明的交流。从文献记载和出土文物看，指南针的应用对我国古代内河及海洋航运起到了至关重要的推动作用。宋代以后，指南针技术的应用为我国沿海港口带来了繁荣景象，海上丝绸之路得以迅速壮大。

指南针的发明和应用扩展了人类对世界的认知。以指南针为主体的旱罗盘西传之后，经不断改进，成为阿拉伯人和欧洲人远航的倚仗。在 15 世纪后的地理大发现中，哥伦布、达·伽马、麦哲伦等探险家的远洋航行，都离不开指南针的指引。

18 世纪德意志企业制造的罗盘

指南针的发明和应用造就了打开世界贸易市场的钥匙。欧洲人使用罗盘进行远洋航行，从非洲运出黄金，从中国运出瓷器和丝绸，从东南亚运出香料，从南美洲运出蔗糖……他们把这些资源贩卖到世界各地。

指南针的发明和应用促进了科学技术的发展。尤其是与指南针、罗盘技术相关的地理学、地图学、航海学，在指南针普及的过程中发展尤为迅猛。在中国，明代《武备志》收录有郑和使用过的海图，其中将指南针航海法和天文航海法完美地结合在一起。在欧洲，出现于13世纪的波托兰海图采用航海罗盘方位线，并将中心方位定为磁针所指的北方。当时，人们将使用罗盘和波托兰海图进行引航的航海方式称为“罗经航海”。

匠心接力

1. 通过查阅资料、做实验或进行结构分析，总结水罗盘和旱罗盘各有哪些优点。思考制造旱罗盘的主要难点有哪些，大致应该怎样解决。

2. 吴鲁衡及其后人秉持着怎样的精神，才能在300年中将罗盘制作工艺传承下来并发扬光大？以这些精神为主题，进一步收集资料，为同学们讲述中国工匠设计和制造指南针（罗盘）的故事。

春秋时期，吴国人开凿了沟通长江与淮河的邗沟。后来的王朝又陆续开凿了多段连通各大水系的人工河流，形成了不同时期贯通中国南北的大运河。大运河是中国古代南北交通的大动脉，是中华文明源远流长的缩影，见证了历代工匠的智慧与创造。那么，大运河对中华民族生存与发展的意义是什么？在不同的朝代，大运河为什么要改线或拓延？我们又能追溯哪些工匠的足迹？

造物小史

中国的大运河是世界上流程最长、工程最大的运河，开凿时间之久远在世界上也名列前茅。它是一项伟大的水利工程，展示了中国古代工匠非凡卓绝的创造精神，深刻影响了中国历史的进程。2014 年，中国大运河被列入世界遗产名录。

运河“简历”

大运河最早开掘于春秋时期。公元前 486 年，吴王夫差开凿了连通长江与淮河的邗沟，起止点为今天的扬州和淮安。隋朝建立后，为巩固统治、发展漕运，先后开凿了通济渠、永济渠，疏浚了山阳渎、江南河，修成了以洛阳为中心，北抵涿郡、南达余杭的大运河。元朝建立以后，定都大都（今北京），大运河的走向因政治中心的转移而转变。元朝时期开凿了会通河、通惠河等河道。大运河由此裁弯取直，即裁洛阳之弯，绕过泰山，直通大都。今天的京杭大运河（图见下页）基本走向与规模自此确立。它全长近 1 800 千米，自北向南沟通了海河、黄河、淮河、长江、钱塘江五大水系，所经地区的地形和水资源条件千差万别，且历史上黄河、淮河、海河等水系变动频繁，这些客观因素都曾给大运河的开凿与维护带来了极大挑战。为解决这些难题，中国古代工匠运用了大量水利工程领域的科学技术，在一些领域取得了领先世界的成就。

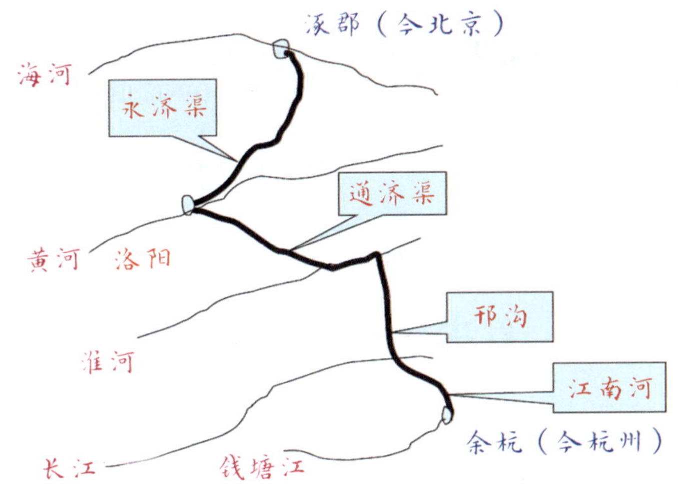

● 隋代大运河示意图

解决水源

运河开凿，首先要有充足的水源。元朝在开凿由大都到通县（今北京通州区）的通惠河时，存在水源不足的问题。负责这项工程的水利专家郭守敬通过实地探查，决定从昌平引白浮泉，连通西山玉泉等泉水，汇入瓮山泊（今颐和园昆明湖），再挖掘长河，使远郊水流流入积水潭等近郊和内城湖泊，从而为通惠河提供充足水源。为调蓄水量，郭守敬还在通惠河河道上修建了 24 座船闸。元代开凿的会通河跨越山东西南，此段为大运河海拔最高处，航道水源往往不足，航运不畅。

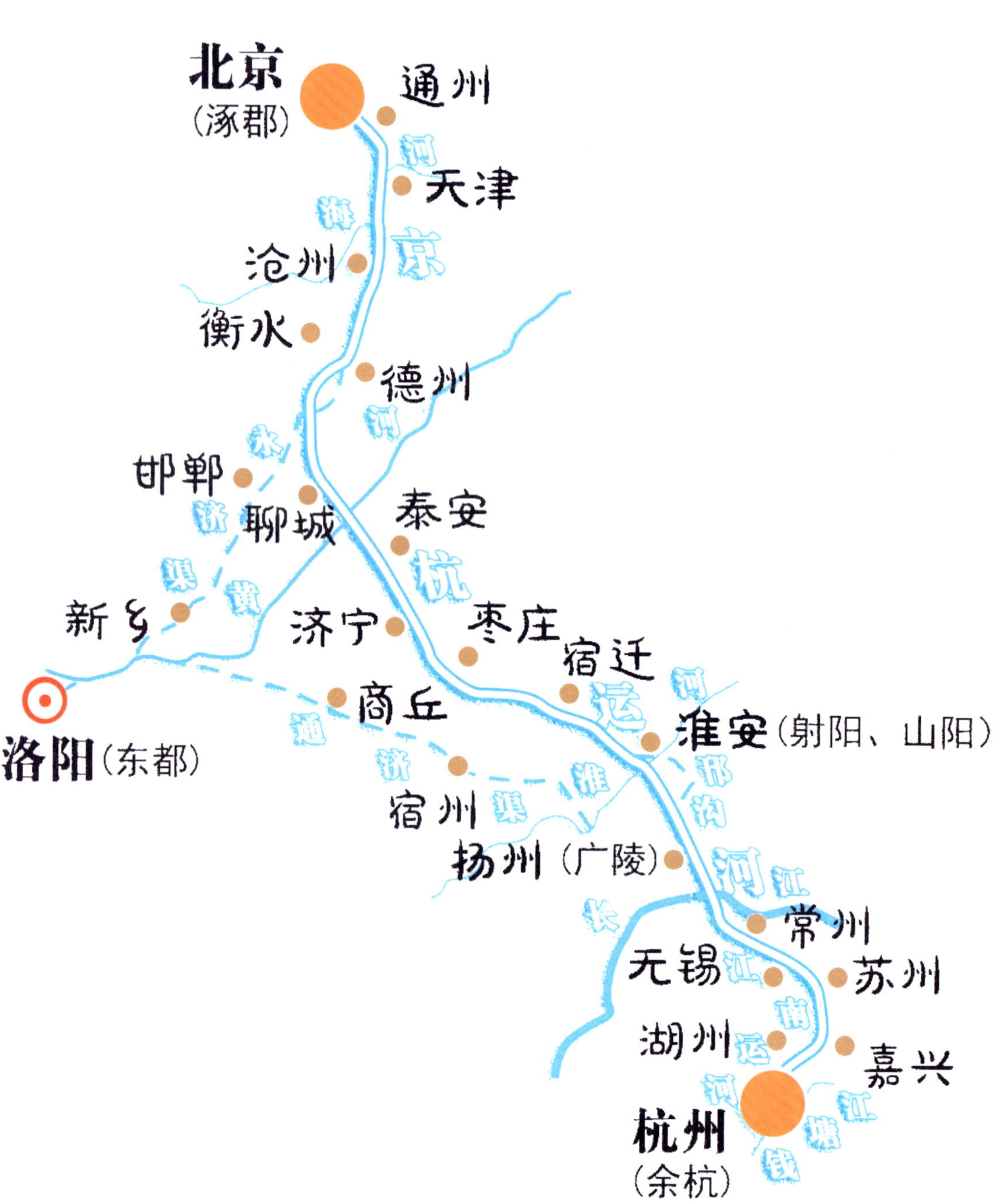

不同时期的大运河示意图

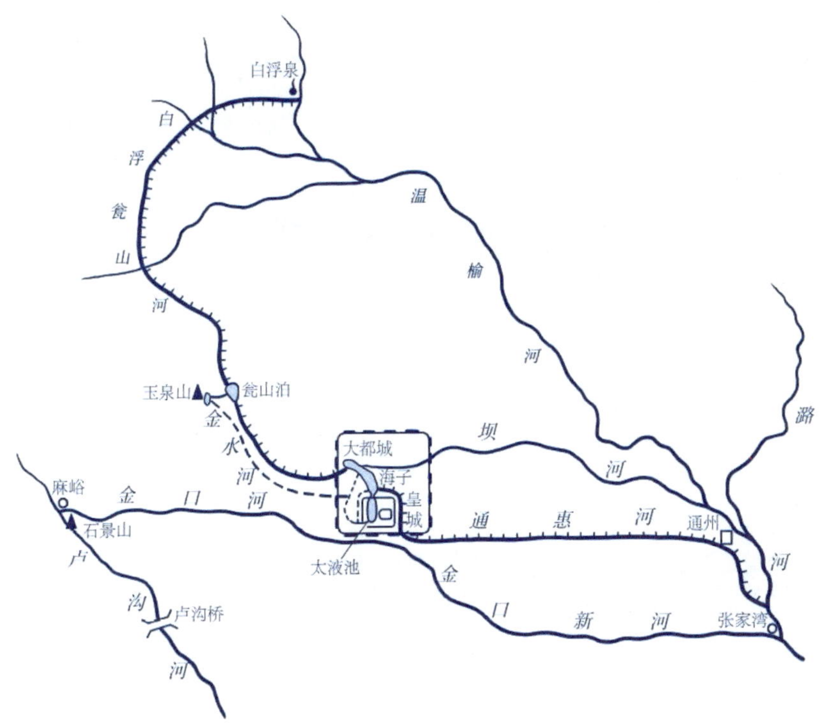

● 元代通惠河示意图

明朝政府采纳山东人白英的建议，将分水位置北移到南旺，引汶水入运河，并修建大量连续的船闸和水柜（古代用于航运的水库）以调整水量，终于实现了会通河的正常通航。科学的水源工程规划，保障了元明清时期大运河的畅通。

设置船闸

船闸是大运河上常见的设施，通常建于地形坡度较陡、水面落差较大的河段，用以调节运河水深、流速，便于船只航行。这些船闸的主体多由石块垒砌而成，闸门为木制，由人力或畜力拉动绳索来启闭闸门。大运河上的船闸大多为单门船闸。实际上，早在北宋时期就已出现了更为先进的船闸，名为复闸（图见下页）。复闸往往有两个或多个闸门，两个闸门之间为闸室。

A：下闸门
B：上闸门
C：下排水阀
D：上排水阀

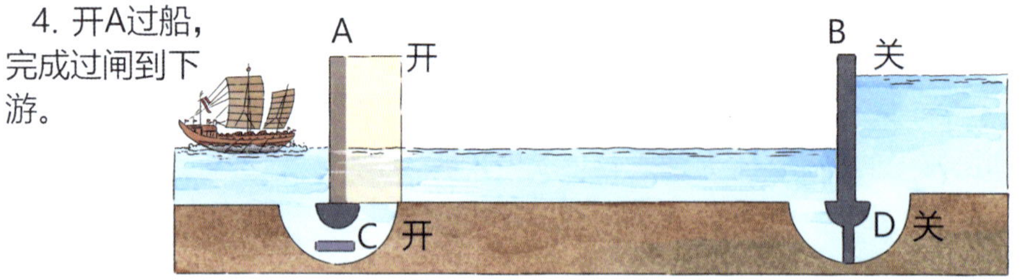

● 复闸工作示意图

元代通惠河 24 座船闸之一——庆丰闸

船只进入闸室后，人工调节闸室水面的高度，使其与下一河段的水面平齐，这样船只就能平稳地通过水面高度不同的河段。中国最早的复闸名为西河闸，建于 984 年，由北宋官员乔维岳主持修建。西河闸位于连通淮河与长江的淮扬运河（大运河的一段）的入淮口。当年，淮扬运河水面高于淮河，船只从淮河通过第一道闸门驶入西河闸闸室后，关闭两端闸门，向闸室注水，将闸室水面提升至与淮扬运河水面相平，再打开第二道闸门，船只即可驶入运河。中国发明复闸的时间比欧洲早了 400 余年。

疏通河道

明清时期，黄河在下游与淮河合并入海。黄河水中的大量泥沙在运河处淤积，既导致漕运不畅，也为当地带来洪水隐患。明代官员潘季驯提出将洪泽湖水位抬高，以淮河、洪泽湖清水冲刷下游河道的方案。为此，他主持重修了当地的高家堰大堤。

清代延续了这一思路，并大量使用砖石加固大堤。从明末到清中期，历经 200 余年，修成了这一长达 60 千米、最大坝高达 19 米的大型堰坝工程。高家堰大堤是当时世界上最大的砌石结构堰坝工程，反映了这一时期中国土木工程技术的发展水平。

便利千秋

自从 2 500 余年前开始开凿，迄至今日，大运河一直滋养着沿岸人民，承担着水路运输的重任。大运河是中国南北交通与人文交流的大动脉，是古代中国的生命线，在稳固政权、民族交融、文化交流和发展经济等多方面发挥了巨大作用。

郭守敬

郭守敬（1231—1316），邢州邢台县（今河北省邢台市信都区）人，元代天文学家、数学家、水利工程专家、仪器制造专家。他从小爱好天文、数学，喜欢研究机械。祖父郭荣发现了郭守敬的天赋。于是，平时注重引导，培养他的科学意识与兴趣，并托人把郭守敬送到当时的学术大家刘秉忠那里学习。郭守敬从刘秉忠那里学到了天文、水利、地理知识。后来，刘秉忠又把郭守敬推荐给当时元大都的治水名家张文谦。在刘秉忠、张文谦等人的影响下，郭守敬一生钻研天文、历法和水利，取得了很大成就。

▪ 郭守敬画像

1262 年，元世祖忽必烈召见郭守敬，询问治水措施。郭守敬面陈 6 条措施，包括：修建漕运河道，打通大都与通州间的河运；建灌溉渠，以缓解民田用水以及城市用水问题等。忽必烈十分满意郭守敬的奏对，遂派他到宁夏治理黄河。

郭守敬一上任就展开实地勘查。他行走于黄河沿岸，详细记录黄河的地势、水情以及水利灌溉历史数据，还不时请教当地有治水、治淤经验的前辈。经勘查，他发现宁夏地区的河道淤塞严重。通过对勘查来的数据进行反复测算，郭守敬提出疏浚和改造旧渠的方案，并认为较通常情况可以节省 1/3 工期，并大大减少修渠经费。郭守敬用数据说话，当时的治河工程人员都心服口服，一致同意郭守敬的方案。很快，宁夏地区的修渠治黄工程便顺利动工。可是，接二连三的技术问题出现了：宁夏地区地势落差大，水流湍急，而在枯水期，水量又会不足。不过，这些问题在郭守敬那里都得到很好的解决。他提出建滚水坝（一种较低的拦水建筑物，涨水时，多余的水可以向下游自由溢流）以减弱水势，在渠道引水处筑堰以提高水位，建水闸以保证渠道有充足水量。在郭守敬的指导下，宁夏地区的水利建设普遍采用了新的工程技术，引水灌溉、蓄水防洪都取得成功。

1291 年，郭守敬详细制定了开凿大都至通州运河的方案。他经过详细勘查后发现，由于自通州至大都地势渐高，即使开凿了运河，将粮食从通州运到大都仍很费力。于是，郭守敬又自通州起分段设七道闸门，借此分段提高水位，这样便可将存于通州的粮食很快运往大都。郭守敬又依据大都地势西北高、东南低的特点，创造性地把昌平白浮泉的水引入瓮山泊（今颐和园昆明湖），再引进城里，然后引入通惠河，较好地解决了通惠河的水源问题。通惠河的成功修建促进了元大都的经济、文化发展，缓解了北方粮食短缺以及灌溉等问题。

郭守敬的一生，在天文、历法、水利、数学等方面都取得了卓越的成就，还发明了十余种天文仪器。为纪念他，1970年，国际天文学联合会将月球上的一座环形山命名为“郭守敬环形山”。

文明价值

大运河是中国古代劳动人民借助天然水系修建的水利工程。它创造了一条中国古代农耕文明的生命线，沟通了中国南北地域，促进了经济和文化的交流，成为支持中国古代经济社会发展的血脉，滋养了生生不息的中华文明。

大运河的修建展现了中国古代工匠的卓越创造力。运河有关的水利工程技术涉及灌溉、泄洪、水流导引、船闸设置、水文气象等，它们见证了中国古代工匠文明的辉煌成就，为中国和世界的水利建设与发展积累了宝贵的知识和经验。

大运河沿线还留存了许多珍贵的文化遗产，为今天研究和了解先人创造的璀璨文化提供了难得的样本。这些文化遗产不仅包括大运河沿途的古代建筑，还包括浸没在水中的船体、服饰、钱币等沉船文物，它们无声地诉说着中华民族历久弥新的物质文明和精神文明。

匠心接力

1. 查阅资料并结合所学，深入了解中国古代复闸在航运中起到的作用。画出船只通过复闸向上游和向下游行驶的草图，展示复闸工作的原理。

2. 查阅资料，了解郭守敬除水利工程外的其他贡献。选一两种深入研究，感悟其中蕴含的工匠精神。

第二单元

桥梁水利

都江堰

水利之光

早在2 200多年前，充满智慧的中国古代工匠修筑了伟大的水利工程——都江堰，将原本水患频发的蜀地变为富庶的“天府之国”。这一工程从先秦沿用至今，仍发挥着巨大作用。你知道当年是谁负责设计建造了都江堰吗？他就是战国时期蜀郡太守李冰。那么，李冰为什么要修建都江堰？又是如何修建都江堰的？都江堰的修建为世界文明的发展作出了怎样的贡献呢？

造物小史

初识都江堰

● 当代都江堰宝瓶口

都江堰坐落于成都平原西部的岷江之上，是享誉世界的水利工程。它集渠首枢纽、水库、塘堰等于一体，承担了引水、调水、控水、存水以及灌溉等多种功能。都江堰是中华工匠的伟大创举，集中体现了中国古代劳动人民的智慧和力量。

战国后期，秦国灭掉了位于成都平原的蜀国，将蜀地作为吞灭东方诸国的战略后方。

成都平原面积广大，气候温和，适宜发展农业，但其西边的岷江经常泛滥成灾。为提升农业生产力，公元前256年，蜀郡太守李冰主持兴建了都江堰。

匠心兴水利

根据岷江流出高山峡谷后，水面开阔、流速顿减，以及两岸群山走向弯曲的地形地势特点，李冰精心设计了都江堰水利工程方案，创造性地修建了鱼嘴分水堤、宝瓶口引水口、飞沙堰溢洪道等主体枢纽工程。这些工程因势利导且相互依赖，功能互补且浑然一体，形成了一个布局合理、功能齐全的综合性系统工程。鱼嘴是在岷江江心修筑的分水堤坝，形似大鱼卧伏江中，它把岷江分为内江和外江，内江用于灌溉，外江用于排洪。飞沙堰是在分水堤坝中段修建的泄洪道，洪水期不仅可泄洪水，还能利用水漫过飞沙堰流入外江水流的漩涡作用，有效减少泥沙在宝瓶口前后的淤积。宝瓶口是内江的进水口，形似瓶颈，除了引水，还有控制进水流量的作用。为了控制内江流量，李冰作石人立于江中，作为观测水位的标识。当内江水量

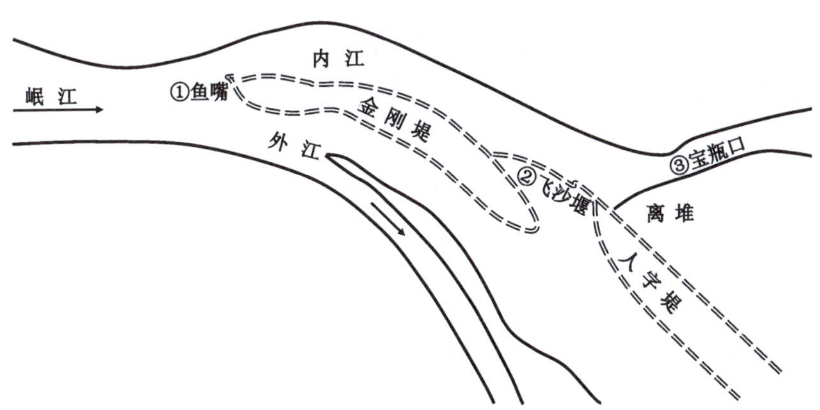

都江堰示意图

超过宝瓶口流量上限时，多余的水便从内江的泄洪道——飞沙堰自行溢出。

李冰总结出“深淘滩，低作堰”六个字作为都江堰的治水策略。所谓“深淘滩”，即淘挖淤积在江底的泥沙要深些，以避免内江水量过小时，不敷灌溉所用；“低作堰”是说飞沙堰不可修筑太高，以避免洪水季节泄洪不畅，危及成都平原。李冰又命人制作“石犀”埋在内江中，作为岁修时淘挖泥沙的深度标准。李冰还就地取材，砍伐竹子，让竹工编成大竹笼，再装满鹅卵石沉入江底，筑成了分水大堤。笼石层层累筑既可免除堤埂断裂，又可利用卵石的间隙减少洪水的直接压力，从而降低堤堰崩溃的风险。

后世勤修筑

由于都江堰对成都平原社会经济发展的巨大作用，秦汉以后的历代王朝治理蜀地，均要对都江堰加以维修或扩建。例如，三国蜀汉的诸葛亮“征丁千二百人护之”，从而使蜀地“水旱从人，不知饥馑，时无荒年，天下谓之‘天府’也”。唐代的都江堰渠系工程不断向成都平原南部延伸，灌溉面积得以扩大。唐代还完善了都江堰的管理制度，从渠首到灌区实行严格的岁修制度，使都江堰能稳定地发挥其水利功能。从宋代到元代，历代中央和地方政府都对都江堰进行了定期或不定期的维护，尤其是元代吉当普主持的大修工程对后世影响巨大。在经历了明末清初的连年战争后，清康熙年间官府对都江堰加以修复，疏浚旧渠，恢复渠首工程。

中华人民共和国成立后，都江堰增建了工业引水梁，建成了外江闸、飞沙堰工业引水临时挡水闸，进一步保障了成都平原工农业和人民生活用水。纵观历史，都江堰经受住了2 200多年的风雨，至今依然发挥着重要的水利功能。

中华名匠

李冰

李冰是战国时代著名的水利工程专家。公元前256年至公元前251年，他被秦昭王任命为蜀郡太守，主持修建了都江堰。

李冰到蜀地后，克服艰险，走遍了岷江岸滩，实地勘查水情。他看到岷江两岸高山环绕，水流自高山深谷泻出时湍急，行至宽阔处则骤缓，于是大胆废弃前人设计，重新规划，将都江堰的引水口建在岷江冲积扇顶部的玉垒山处，以保证渠首能承载巨大的引水量。他又设计了以鱼嘴分水堤、飞沙堰溢洪道、宝瓶口引水口等为重点工程的渠道网，以实现防洪、灌溉、水运的三重目标。李冰曾于宝瓶口“作三石人立水中”，水“竭不至足，盛不没肩”，以此观察水量，堪称我国最早的水位标尺。

2 200多年来，都江堰水利工程一直对蜀地交通运输、农业发展和居民生活发挥着巨大作用，为成都平原成为“天府之国”奠定了牢固的基础。

李冰治水不只是都江堰一处，他还在今宜宾、乐山等地治理险滩，疏浚航道，修索桥，开盐井，主持修建汶井江、白木江、洛水、绵水等灌溉和航运工程。在治理洛水时，李冰充分利用热胀冷缩的原理，先点火烧山，使山体岩石处于高温，再

修建都江堰

借汛期山洪实现冷水冲击，使山崖石壁因承受不住内应力的改变而崩塌，从而拓宽山口，疏导暴雨积水。

为了治水安民，李冰 20 多年餐风宿雨、日夜奔走在堤坝上，最后积劳成疾，病逝于石亭江堤。《蜀中名胜记》记载："章山后崖有大冢，碑云：秦李冰葬所。"人们为了纪念他的功绩，汉代开始建造庙宇祀奉，民间甚至还流传着关于李冰的神话——蜀守升仙。这些充分说明了李冰在人们心目中拥有崇高地位。

吉当普

吉当普是元代蒙古族官员。元顺帝元统二年（1334）出任佥四川肃政廉访司事。当年，吉当普到灌州（今都江堰市）视察，发现当地水患频仍，而建于战国时期的都江堰，经过近 1 600 年的江水冲刷，已经有多处损毁，亟待修葺。

其实，元朝四川行省当局每年都会对都江堰进行维修。每年为此征发的士兵和民工一般有千余人到上万人不等，最少也有数百人。但是，维修效果却不尽如人意，还滋生了腐败。

面对混乱难解的局面，吉当普并未退缩，他下决心要彻底整修都江堰。经过对都江堰上下游的仔细巡查，他找到了32个真正要害之处，并设计了完整的修葺方案。然后，他向灌州地方官员提议实施都江堰维修工程，并解释说都江堰不难根治，只要将要害处的两岸堤防用“甃石”的方法加固，就可保坚牢，不致年年冲毁，年年重建。所谓“甃石”，就是先用铁条将砌堤的鹅卵石固定住，然后用桐油石灰填补鹅卵石之间的空隙。

灌州地方官员赞成吉当普的主张，并找到一段要害江堰，按照吉当普提出的方法做试验，结果“堰成，水暴涨而堰不动”，试验获得成功。这样，吉当普获得了信任，都江堰大修工程也顺利开工。在实际施工中，吉当普还在堤堰上种植杨柳和灌木，从而巩固土石，不使流失。吉当普设计的这种“甃石”并植树的方法，至今仍广泛应用于农田水利、河流渠道、铁路公路建设等各个方面。

为了加固受水流冲击最大之处，吉当普用条石包砌宝瓶口以下引水口，并做石门以便启闭。对内外二江的分水鱼嘴，吉当普认为其处于受激流冲击的头部，最容易被破坏。为此，他用了约 16 000 斤铁浇铸成一只巨大的铁龟作鱼嘴，并在鱼嘴前埋铁桩，以抵抗水流的冲击，并防止水运木材与木筏碰撞鱼嘴。吉当普修整都江堰的种种措施开创了铁石坚筑治水的先河。

吉当普主持的维修工程顺利完工后，古老的都江堰焕然一新，沿岸人民深获其利。元顺帝命人为吉当普立碑记功。碑文中这样称赞吉当普："才大而德敏，爱深而知远，不枉其道，不屈其志，临难忘身，为国忘家，安于命而勇于义，而知所先务，故事可立而功可建。"

文明价值

都江堰是造福人民的伟大工程，2 200 多年来取得了巨大的防洪、灌溉、水运等综合效益。主持创建都江堰的李冰心系苍生，不仅福泽蜀地，还为秦的统一打下了坚实基础。秦代以后的诸葛亮、吉当普等一大批中国古代治水人物，也为后世筑牢了繁荣的根基，树立了光辉的形象。这些都江堰治理者的功绩和精神垂范千古。

都江堰是我国古代以系统工程治水的典范，尤其是引水、节水、控水和调水方面的系统设计，堪称世界水利工程史上的创举。在都江堰的兴建、拓展、修缮过程中，历代工匠还改进、创新了许多具体的工程设计思路和施工工艺。这些都显著促进了我国水利工程技术的发展，为其他水利工程建设提供了参考。

都江堰兴建、拓展、修缮及使用的过程，促成了一整套治水和灌溉制度的建立。蜀汉建兴六年（228），诸葛亮征兵丁千人守护都江堰，并设堰官负责维护事宜，开启了设专职水利官员管理都江堰的先河。此后历代，都江堰的管理制度不断完善。中华人民共和国成立后，都江堰被列为全国重点文物保护单位。四川省制定了都江堰水利工程管理条例，统一管理所有灌区，灌区内水资源统一调度，形成了水资源管理与配置的全新格局。

匠心接力

1. 李冰和吉当普身上有哪些共同的品质？他们的事迹对你有何启发？

2. 中国水利工程史上，除了李冰、吉当普，还有大禹、孙叔敖、王景、马臻、姜师度、潘季驯等著名人物，他们都在治水修渠等方面作出了重要贡献。请查阅资料，收集整理中国古代治水工匠（李冰、吉当普、郭守敬除外）的事迹，为其他同学做介绍。

赵州桥

造桥丰碑

赵州桥是世界上现存最早、跨度最大的敞肩式单孔圆弧石拱桥，其建造工艺独特，在世界桥梁史上首创敞肩拱结构形式，具有较高的科学技术史研究价值。那么，赵州桥的设计者是谁呢？他是如何建造赵州桥的？赵州桥对世界造桥技术发展有怎样的贡献？

造物小史

造桥概说

赵州桥坐落在河北赵县城南的洨河之上，建于隋开皇十五年至大业元年（595—605），由当时的工匠李春负责设计建造，至今样貌基本未变，堪称世界桥梁史上的奇迹。赵州桥因赵县古称赵州而得名，在宋代也被称为安济桥。它是一座单孔敞肩石拱桥，这种桥梁类型直到7个世纪后才在欧洲出现。赵州桥全长50.83米，桥孔净跨径达37米，建成之初其桥孔长度在世界上首屈一指。赵州桥的建造技术水平极高，装饰工艺独特，集中体现了以李春为代表的古代桥梁工匠的智慧与创造力。

● 赵州桥

历史溯源

为什么建于 1 400 多年前的赵州桥展现出如此精妙的设计和建造工艺？这首先要归功于以李春为代表的隋代工匠所付出的勤劳与智慧，也要归功于中国历代工匠对于造桥技术孜孜不倦的追求和探索。古代最早用于过河的桥是浮桥。春秋战国时期，出现了运用打桩技术建成的梁柱结构木桥和石桥。秦朝完成统一后，在首都咸阳修建的渭水桥就是典型的石柱桥。两汉时期，为了改进桥梁承重性能、延长桥梁跨度，造桥匠人将桥面从平直改为拱形。东汉时期的画像砖上就出现了拱桥的图像。《水经注》里记载的洛阳旅人桥，大约建成于 282 年，其“悉用大石，下圆以通水”，是有文献记载的中国最早的石拱桥。经过魏晋南北朝时期的发展，石拱桥建造技术不断进步。到了隋代，一座座精美的石拱桥先后建成，除赵州桥外，还有小商桥、清水石桥、澧水石桥等。其中，位于河南临颍的小商桥与赵州桥相似，同属单孔敞肩圆弧石拱桥。可见隋代此类桥梁的修建技术已趋于成熟。

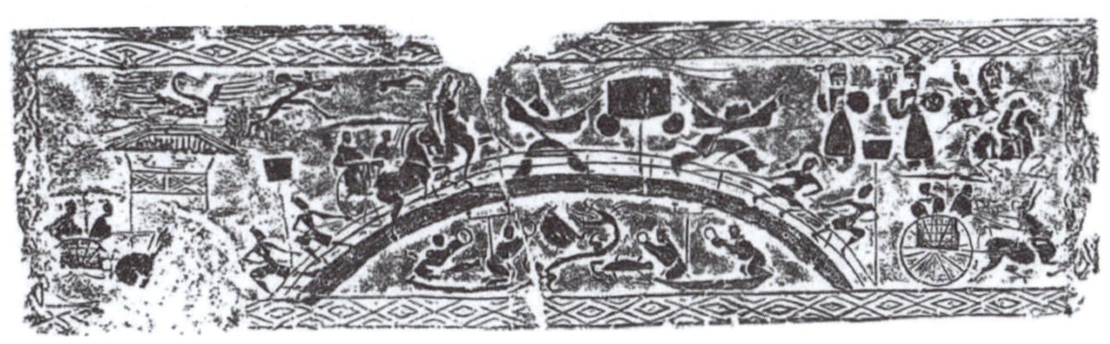

东汉画像砖上出现了拱桥图像

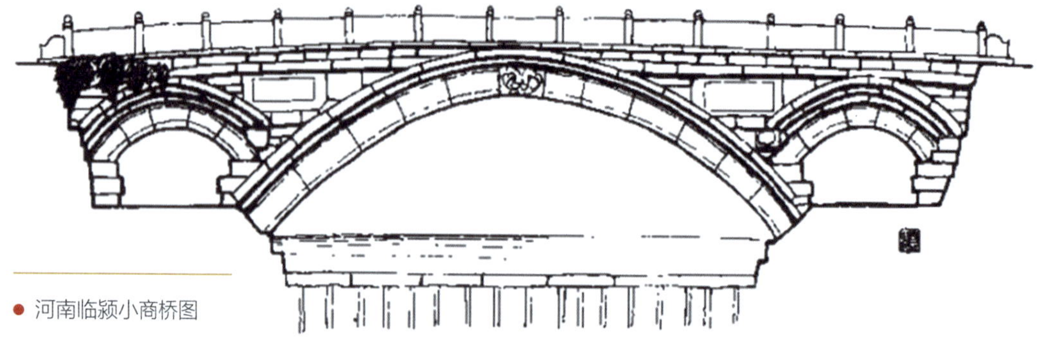

河南临颍小商桥图

工程探究

赵州桥的修建，首先是基址选择。李春选定了洨河两岸较为平直的地方作为建桥的基址，并设计了浅桥基、低拱脚的短桥台。他在桥台边打入木桩，以减少桥台的垂直位移；又延伸桥台后座，以减少桥台的水平移动，这使得基址特别牢固。

在防护方面，为了保护桥台和桥基，李春设计了沿河一侧的金刚墙，与桥基以及桥台连成一体，以防水流冲蚀。

在造型方面，为了节省造桥材料并便于桥上的车马通行，李春摒弃了传统拱桥半圆形拱设计，创造性地采用了低桥面、大跨度的坦拱式桥梁结构，同时采用大拱加小拱的敞肩拱和单孔设计，在大石拱上开了 4 个小石拱。这种设计解决了传统实肩拱多孔桥费材料、桥身重、泄流量不足的弊端，能在河水暴涨时增加桥洞的过水量，减少洪水对桥身的冲击。它既提高了桥梁的物理承载力和稳定性，又增添了桥的造型美感，这在中国桥梁史上是一项伟大的创新。

在工艺方面，赵州桥的桥体石雕饰纹精细，刀法苍劲，图案设计独具匠心，展示了隋代工匠们追求浑厚与豪放并存的设计理念与艺术风格。

赵州桥石栏板双龙浮雕

后世维护

赵州桥建成之后，历代政府都重视对拱桥的修缮和维护。792 年，唐朝政府对赵州桥进行了首次大规模修缮。当时桥北面西侧的金刚墙被洪水冲坏，导致桥台略有下沉，小拱发生部分崩裂。唐代工匠采用了“补石重砌”的施工办法，成功恢复了金刚墙的原状。1066 年，北宋政府再次修缮赵州桥，有效扶正了桥外侧拱侧倾的情况。元、明、清三代也对赵州桥加以修缮，使其得以继续为世人所使用。赵州桥历经 1 400 年屹立不倒，基本保持了初建时的风貌，这与历代工匠的精心维护密不可分。

中华名匠

李春

李春是隋代造桥工匠、桥梁专家。民间相传，李春的父亲是当地有名的石匠。李春从小就跟随父亲学盖房和造桥，精通了凿石雕刻和造桥技术。

隋开皇年间，官府招募工匠造桥。经过一番准备，李春带

李春铜像

着工具，来到洨河岸边，报名参加建桥工程。然而，同来报名的工匠寥寥无几。官差扫了一眼稀稀拉拉的工匠们，指着年轻健壮的李春说道："建造洨河桥的任务，就交给你吧！好好干，年轻人！"李春就这样顺利接下了工程，但他心里十分忐忑：一是怕自己技艺不精，砸了家传招牌；二是怕桥梁建造不牢固，危及千万人的安全。为此，李春夜不能寐。他迅速组织工匠们来到洨河岸边，废寝忘食地进行实地勘查，然后又仔细探究造桥方案。

当时洨河的河水湍急，每逢汛期，水势汹涌，一般的桥梁有被冲垮的危险。经过反复斟酌，李春决定采用敞肩的方法分泄洪水。这是对拱肩进行的重大改进，把以往桥梁建设采用的实肩拱改为敞肩拱，即在大拱两端各设两个小拱。这种大拱加小拱的敞肩拱具有优异的技术性能：不仅可以增强泄洪能力，减轻洪峰经过时桥身承受的巨大冲击力，还能大大降低洪水对桥体的损害，提高桥体的安全性。同时，李春考虑到洨河上的来往船只穿行较多，如果采用传统方法建造多孔桥，虽然能实现桥面平缓，便于修建，但是桥墩多，不利于舟船航行，而且桥墩长期受水流冲击、侵蚀，容易塌毁。因此，李春在设计大桥的时候，采用单孔长跨的形式，不立桥墩，使石拱跨径长达 37 米。这种创新设计的优越性在此后 1 400 多年的岁月里得到了充分证明。

约在隋大业初年，赵州桥终于落成。今天看来，它不仅造型优美，还符合力学原理。赵州桥的建成造福了一方百姓，为洨河两岸人民的生活、生产提供了极大的便利。李春的造桥技术及其展现的工匠精神也因此被后人所称颂。

文明价值

赵州桥在材料选用、力学设计、建筑造型等方面都取得了

很高的成就，集中体现了中国古代工匠的高超技艺，是具有里程碑意义的桥梁建筑工程，已成为承载中华文明的符号之一。

赵州桥是技术与审美的完美融合。在设计与建造过程中，赵州桥充分考量了整体与细部、动态与静态、变化与统一的美学逻辑，展现了中国古代桥梁建筑美学独有的神韵与气质。

赵州桥的创新设计对世界桥梁技术的发展作出了贡献。英国科学技术史学家李约瑟曾列举 26 项中国古代取得的具有世界意义的科技成果，其中就包括中国的弧形石拱桥。

赵州桥是中国劳动人民智慧和工匠精神的象征。以李春为代表的古代工匠们，不辞劳苦地勘查，精益求精地建造，勇敢自信地创新，为“中国造”树立了标杆，成为后世工匠的价值遵循，并推动了中华文明向前发展。

匠心接力

1. 桥梁专家茅以升这样评价赵州桥：“在现存的历代古桥中，最是表示我国建桥传统的精华的，无过于隋代建成的‘赵州桥’。这桥已经很古，但它的新创造必然有其基础，来源于更古的桥的技术。同时，它的成就，也给后来的桥工以莫大的启发，赵州桥在我国桥梁史上，起了承先启后的作用。它对我国古代文化的贡献，大大超过它在当时政治、经济上的价值。”请结合所学知识并查阅有关资料，说说赵州桥建成前后，还有哪些桥梁建设所采用的设计和工艺与之相似。

2. 请谈谈李春为何创新地采用单孔长跨拱以及敞肩拱的设计来建造赵州桥。作为技能学子，我们应该如何传承并发扬李春的精神品质？

第三单元

农业耕作

垄耕

丰产之法

在古代中国，“手执耒耜，躬耕陇亩”描绘了一幅美好的农耕景象。其中，垄耕法是古代中国先进农耕技术的重要标志之一。那么，你知道什么是垄耕法吗？垄耕法有何先进之处？中国的垄耕技术为世界文明带来了怎样的深远影响？

造物小史

先秦初创

两三千年前，中国从原始农业阶段逐渐过渡到传统农业阶段，其中一个显著的标志就是种植技术的重大转变。在农业发展的初级阶段，先民们使用耒、耜、锄等工具在土地上挖坑，再将作物种子撒入坑中并掩埋。这种漫撒式的种植方式导致作物分布或密或疏，除草、灌溉等农事活动很不方便，也难以抵御水、

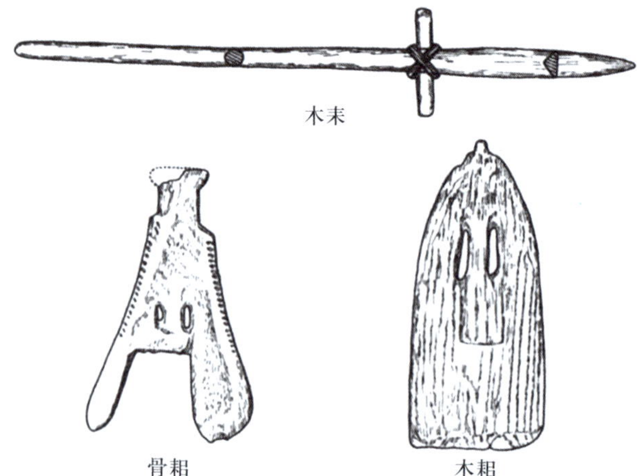

木耒

骨耜

木耜

旱、强风等自然灾害。西周至春秋战国时期，一种更为先进的种植方式——垄耕法出现，并随着铁制农具和牛耕的推广而逐渐成熟。垄耕法成为中国古代精耕细作的传统农业的主要特征之一。

垄耕法与犁的使用密切相关。当时的农民先用犁破土开沟，再将破开的土堆成一条条的垄，最后根据耕地条件的不同，将庄稼成排种植在垄上或垄间的沟中。战国末年成书的《吕氏春秋》总结了垄耕法需注意的两项原则。首先，“上田弃亩，下田弃甽”。这里的“亩”指的是垄，“甽”则指垄间的沟。地势较高的耕地易旱，应将作物种在沟中；地势较低的耕地易涝，则需将作物种在垄上，这样能起到防旱抗涝的作用。其次，“亩欲广以平，甽欲小以深”，“稼欲生于尘而殖于坚者”。即垄面要平且宽，垄沟要狭且深，表土要求松细，下层要求坚实。

实行垄耕法的土地，作物整齐排列，不易过密，通风好，阳光充足，也便于除草。

西汉发展

西汉时期，农学家赵过在关中和西北边郡的旱地积极推广代田法。此法是先秦时期垄耕法的发展。具体做法是在地里开沟作垄，头年将农作物种于垄沟之中。在多次除草时，逐次将垄土顺推至垄沟，以培育作物根部，直到垄被削平。这样做既可以防风抗倒伏，又能保持土壤和作物枝叶的湿度，起到抗旱作用。次年交换垄和沟的位置，这样做既能充分利用地力，也使土地得到轮休，地力得以恢复。《汉书·食货志》评价代田法“用力少而得谷多”，使得粮食产量得到了提升。

在西汉时期的农书《氾胜之书》中，还记载了一种精密化的代田法，即区（ōu）田法。具体做法就是将田地划分为若干小区块，并在其中采取深翻细作、合理密植、集中施肥、及时灌溉等措施，以集中并高效地使用劳力与肥料。这样可以更充分地利用有限的耕地，实现少种多收，提升单位面积产量。区田法的发明适应了古代中国农业人口众多而人均耕地不足、畜力和大型农具缺乏的现实情况，体现了典型的精耕细作特征，在中国古代被作为御旱济贫的救世之方。

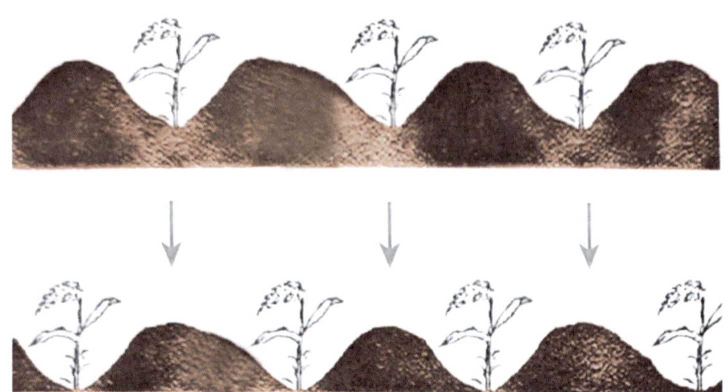

代田法示意图

后世推广

垄耕法的发明具有划时代的意义。垄耕种植更充分地利用了阳光，提高了土地使用率，降低了作物受灾风险，提高了单位面积粮食的产量，还推动了农业工具技术的创新与发展。垄耕法自发明起，即在黄河流域的旱地得到普遍推广，并且其应用范围从粮食作物的种植扩展到了蔬菜和林木的种植。宋元时期，垄耕法被应用到南方稻麦两熟制的水田上。明清时期，垄耕法进一步推广到内蒙古、东北地区，推动了当地的农业开发。中国古代劳动人民发明的垄耕法至今仍被世界各地所采用，有效提升了粮食产量，为人类文明的发展作出了重要贡献。

中华名匠

贾思勰

贾思勰是南北朝时期北魏农学家，曾任高阳太守。贾思勰深知发展农业生产对当时社会经济的重要性，他认为农业是人民衣食之本，只有发展生产，才能富民强国。他撰写的《齐民要术》是世界农学史上的早期专著之一，同时也是中国现存最早、最重要的一部完整农书。在书中，贾思勰将旱地农业技术体系化，对复兴因战乱而荒废的华北农业起到了积极作用，并对后世的农业生产产生了深远影响。

《齐民要术》共 10 卷、92 篇，正文、注文合计近 11 万字，对 6 世纪以前黄河流域中下游地区各族劳动人民的农业、畜牧业和手工业生产经验，进行了比较系统、全面的总结。其中，包括谷物、蔬菜、瓜果、林木的栽培管理，家畜、家禽、鱼类的饲养繁殖，酿酒、制酱、制醋、腌腊和主食制作、副食烹调的方法，以及黄河流域以外的北方、南方地区和国外的各种作物品种的介绍。

贾思勰在《齐民要术》中对当时的农业科学技术、生产经验、发展理念进行了系统性总结归纳。不误农时、因地种植是贯穿全书的核心思想。《齐民要术》十分强调要根据不同的季节、气候和土壤特性，对作物采取不同的栽培和管理方法，这体现了因时因地制宜的科学原则。在选优培育方面，《齐民要术》详细记载的作物良种包括粟 97 个，黍 12 个，穄 6 个，粱 4 个，秫 6 个，小麦 8 个，水稻 36 个（其中糯稻 11 个）。上述粟的良种中，有 11 个转自前人记载，其余 86 个则是贾思勰自己收集补充的。

贾思勰在《齐民要术》中详细地总结了北方农民抗旱保墒的经验，强调秋耕和冬季积雪保墒的重要性。他在书中还提出了开源节流的观点：一方面“人生在勤，勤则不匮”；另一方面又要“用之以节”，并把储粮备荒、节约开支视为国家大事。

贾思勰不仅收集了前人典籍的精髓，还收集了大量民谚，一并记录在《齐民要术》之中。尤为可贵的是，他在书中征引前人典籍，却不盲目遵从。《齐民要术》引述了《氾胜之书》有关播种的论述，“凡九谷有忌日，种之不避其忌，则多伤败”。贾思勰不同意此看法，他援引《史记》中“阴阳之家，使人拘而多忌”的论述，并说：“止可知其梗概，不可委曲从之。”

贾思勰在《齐民要术》中还记载了自己的大量实地调查和亲身体验。贾思勰的足迹并未局限于家乡附近，而是遍及山东、河南、河北、山西等广大地区。他引用民谚“智如禹汤，不如尝更（指经历——编者注）”，表明即使有夏禹、商汤那样的智慧，也不如亲自从实践中获得的知识来得可靠。书中记述了贾思勰自家养羊的经验教训，还记述了经他亲自验证的制作醋的方法。

贾思勰既注重实践经验的归纳与提炼，又强调要遵从事物发展规律。《齐民要术》中的论述，如“顺天时，量地利，则用力少而成功多，任情返道，劳而无获”，“入泉伐木，登山求鱼，手必虚，迎风散水，逆坂走丸，其势难”，就是这方面的名言。

文明价值

古代中国发达的垄耕技术为农业发展提供了坚实的技术支撑，显著提高了农民的耕作效率，同时降低了他们的劳动强度。随着垄耕技术的进步，人们得以将更多的时间和精力投入手工业以及其他社会活动中去，这为中华文明不断发展进步奠定了基础。

垄耕技术不仅促进了农具技术的发展，还推动了冶金技术的进步。伴随着垄耕技术的推广与普及，挞、瓠种、铁耨、铁犁等新的农具逐渐普及，而铁耨、铁犁等工具的大规模制造，又进一步推动了冶金技术的发展，这就为中华文明的发展提供了生生不息的动力。

垄耕技术推动了农业社会的稳步发展，为中国古代多民族社会的统一提供了保障。得益于这一技术，大量荒地得到有效开垦，农业用地及其收成得以稳固，进而稳定了农业社会的人口和粮食产量，这就使得中国古代多民族社会的统一成为可能。

古代中国之所以能在诸多领域领先世界，很大程度上归因于发达的农业技术。垄耕法被引入欧洲后，这种技术有效解决了长期困扰当地农民的田间排水难题，显著提升了欧洲的粮食产量，推动欧洲古代农业社会快速发展。

匠心接力

1. 垄耕法是一种保持土壤肥力的有效办法。结合所学内容，简述垄耕法保持土壤肥力的具体方式。

2. 贾思勰出身儒学世家，曾任高阳太守。请谈谈本课将他列为“中华名匠”的原因。

耕犁

农业利器

在古代中国，“扶犁亲耕”是皇帝在春耕时节亲自进行的一种礼仪制度，旨在表达国家对农业生产的重视，并祈求年丰岁稔。在这一仪式中，耕犁被赋予了重要的象征意义，它代表着国家对农耕的鼓励和重视，凸显了耕犁在古代农业生产中的重要性。那么，耕犁在古代经历了怎样的发展历程？其改进过程又如何促进了农业的发展？

造物小史

耕犁的发明

在农业初生的新石器时代，古人已经开始使用木、骨、石制作的耒、耜、锄等翻土类农具，使农业从“刀耕火种”的原

▪ 良渚文化石犁

▪ 商代铜犁

始状态发展到锄耕农业阶段。在距今约 5 000 年的龙山文化和良渚文化的遗址中，都出土了最早的石犁。在江西新干还出土了商代的铜犁。不过，用于实际耕作的犁通常由木、石制成。耕犁是从耒、耜等农具发展而来的，犁头的最初形状一般为等腰三角形。耕犁的发明，使翻土类农具可以连续工作，提高了劳动效率。

铁犁的诞生

春秋战国时期，锄耕农业发展为犁耕农业。伴随冶铁技术的发展，以及较为稳定的个体经济和手工业工匠阶层的出现，铁犁在中国诞生。所谓铁犁，主要是指犁的破土部分——铧或铧冠是铁质的。相比过去的木犁、石犁，铁犁的抗磨损程度显著增强，使用寿命因此大大延长，耕翻的深度也相应增加。畜力与铁犁的结合，提高了土地耕翻的质量与效率，扩大了耕地面积，使农业在黄河、淮河、长江流域得到进一步的推广。铁犁的出现是世界农业科技史上的一件大事。

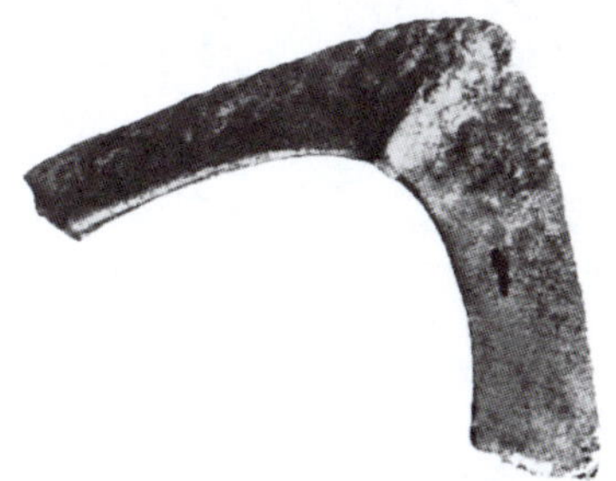

▪ 战国铁铧冠

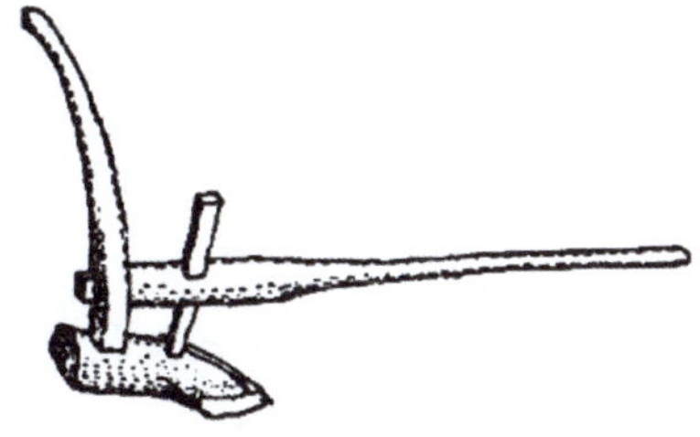

▪ 战国铁铧冠犁复原图

直辕犁定型

■ 西汉铁犁铧、铁犁壁

秦汉时期，国家积极发展农业生产，铁犁技术得到进一步发展。陕西临潼等地出土的秦代铁犁铧，比战国时期的铁犁铧的冠更大，因此翻土也更深，反映了秦代农业生产水平的提升。汉代，铁犁在全国范围得到推广。目前，北到吉林，南至广东，考古发掘中均有铁犁出土。

铁犁的结构在汉代基本定型，包括犁壁、犁铧、犁辕、犁衡等部分。犁壁（又名犁镜、犁耳）是西汉时期出现的，这是农业史上的一大创新。犁壁为菱形或鞍形，安装在犁铧上方。犁壁与犁铧组成曲面。使用装有犁壁的铁犁耕地时，土块更易被破碎并翻转，从而使土壤更充分地接触到阳光、空气；同时还能把杂草和害虫埋在地下作肥料。这样就能提高土壤的质量，增加作物产量。铁犁的另一个关键部

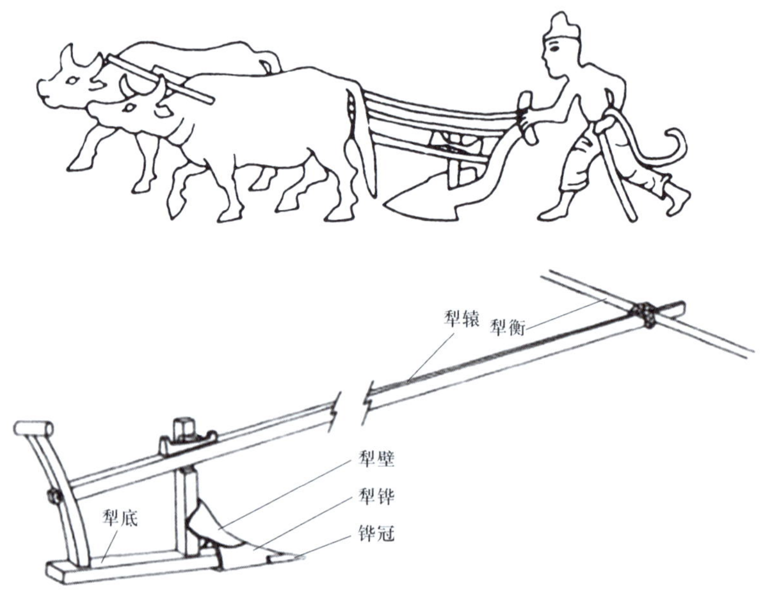

● 汉代的犁
上：东汉画像石上的形象轮廓
下：汉代长辕犁复原图

件是犁辕。犁辕是指连接犁架和犁衡的木材，起到耕牛拉犁时的传动作用。汉代铁犁使用的犁辕是直木，因此它属于直辕犁。

曲辕犁的出现

从汉代到唐代，铁犁发生了从直辕犁向曲辕犁的转变。这一时期，为了便于在山地、丘陵等地掉头、转弯，犁辕的长度逐渐缩短。唐代，长江下游地区的工匠发明了曲辕犁，又称江东犁。曲辕犁不但适应了南方水田形状不规则、耕犁转弯不便的情况，还淘汰了犁衡，使用时将绳索、曲轭直接套在牛身上，从而减少了耕犁时的阻力，节省了畜力。

曲辕犁的出现确定了传统农业长期使用的铁犁的基本形制，表明中国传统农耕技术进入成熟阶段。宋代以后，劳动人民对曲辕犁不断改进，使其结构得到进一步简化，操作更加便捷。铁犁牛耕的生产方式得以推广到山区梯田，从而使我国的耕地面积不断扩大，粮食产量得以提高。

中国古代的铁犁长期处于世界领先水平。17 世纪到 18 世纪期间，带有曲面铁犁壁的犁以及其他先进农具从中国传入欧洲，推动了欧洲的农业技术改革。

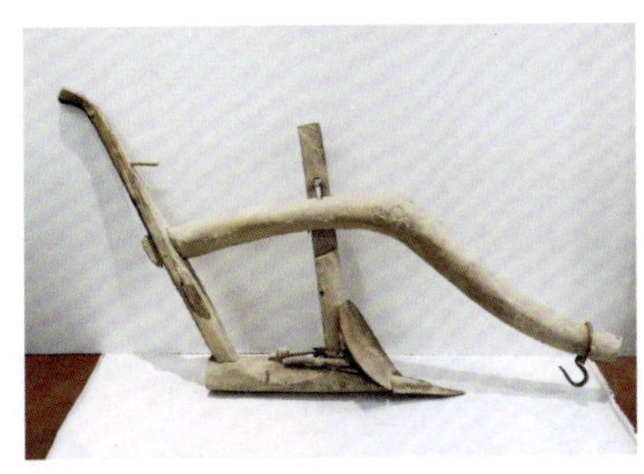

▪ 曲辕犁

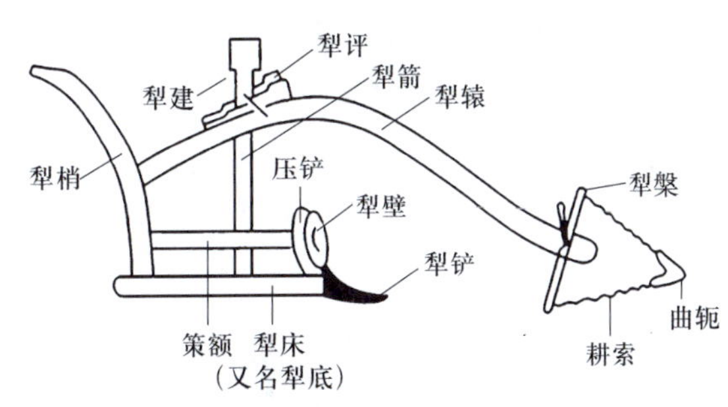

▪ 曲辕犁的结构

中华名匠

陆龟蒙

陆龟蒙（？—约881），字鲁望，吴郡（今江苏苏州）人，唐代文学家、农学家。他出身于官僚世家，因科考未能及第而隐居江南。在归隐期间陆龟蒙不仅深耕文学，还对晚唐江南的农具进行了深入研究。为了让更多的人了解农具，他还专门撰写了《耒耜经》。这是中国古代一部著名的农具专著。书中详细记载了唐代的重要农具——曲辕犁，全面介绍了其结构、功能、尺寸、材料等。此外，《耒耜经》所载砺礋、碌碡以及耙等农具（图见下页）至今仍在农村地区被广泛使用。

《耒耜经》所蕴含的农本思想与精湛的农具技术研究，为后世留下了一笔宝贵的文化遗产，在世界农具史上也占据了重要位置。

王祯

王祯（1271—1368），字伯善，东平（今山东东平）人，精农学，懂机械，善诗文，是元代著名的农学家、机械设计制

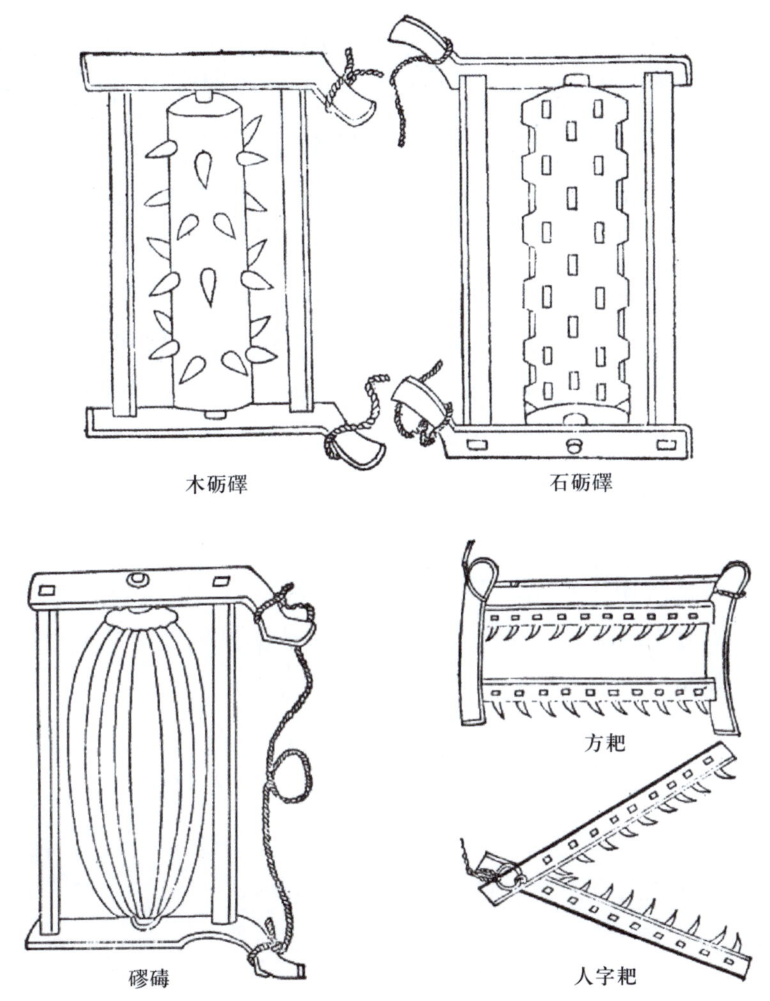

▪《耒耜经》所载部分农具

造家。王祯曾任旌德（今属安徽）、永丰（今属江西）县尹。在做县尹期间，王祯劝导农桑，积极推广先进的农具，为此还撰写了《农书》。

王祯所撰的《农书》是我国第一部对全国农业进行全面系统论述的农业科技图书。该书对南北方农业技术及农具进行了分析、比较，并提出了自己的见解。《农书》内容丰富，共分三大部分。第一部分《农桑要诀》总论农业。第二部分《百谷谱》，分别叙述了各种粮食作物、蔬菜、瓜果、竹木等的种植培养方法。第三部分《农器图谱》则是书中最有创造性的部分，共介绍了 100 余种“农器”。这些“农器”既有田间所用的耒耜、镬锸等农具，也有农业机械、纺织机械、运输工具，不仅包括已沿用千百年的各种农具，还涵盖宋元时期创制的新式农具。根据用途的不同，王祯将这些“农器”细分为 20 门，每门都有简要的论述。每门下又分若干项，每项又有一幅或几幅写生图，每幅图后都有一段文字说明，描写该项所述“农器”的形制（构造）、来源、演变及用途。《农器图谱》共有插图 306 幅，图文并茂地展示了我国古代在农业生产工具方面取得的卓越成就，对研究和推广农业生产工具具有很高的实用价值。

王祯对中国古代农具的贡献是全方位的。他既设计和绘制了大量的工具图和机械图，又对一些失传的机械进行了复原与改造。例如，东汉时发明的水排鼓风技术在元代已经失传，但王祯经过反复考证与试验，最后不仅成功复原了水排的构造，阐释了技术原理，还绘制成图稿。在复原过程中，他还进行了技术革新，提高了生产效率。

▪《农器图谱》中的页面

文明价值

耧车复原件

耕犁的发明促进了人类走向定居生活。远古时期，人们居无定所的主要原因之一是没有耕犁，因此难以通过农业生产提供足够的粮食，从而不得不在迁徙中寻找食物来源。亚非地区的古文明大多起源于大河流域，原因之一就是掌握了耕犁技术，农业生产力有了大幅提升，使人们能在有水源的地方定居并从事耕种。

耕犁的发明推动了相关农业技术的发展。随着耕犁的普及，与其直接相关的轭具和牲畜饲养方式也出现了新变化。耕犁的普及还促使直形条播技术、耧车（用于播种的农具）技术与轮作技术发展起来，同时，与此适应的施肥技术也出现了。

从世界范围看，中国的耕犁技术传到欧洲，使欧洲的农业生产方式和经营方式都发生了显著变化。

匠心接力

1. 从直辕犁到曲辕犁，古人对耕犁做了哪些改动？获得了哪些效益？

2. 结合所学并查找资料，对比陆龟蒙的《耒耜经》与王祯的《农书》的异同，说说这两部著作反映了两位作者的哪些共同特质，以及对你的启发。

第四单元

手工技艺

丝绸

织造之美

中国以盛产丝绸而闻名于世，是享誉世界的“丝绸之国”。轻滑飘柔的丝绸不仅给人类的服饰文化开辟了绚丽的发展空间，也为灿烂辉煌的中华文明打开了传播之路。那么，小小春蚕吐出的细丝是怎样织就华美绸缎的？中国丝绸行销海外又产生了怎样的影响？

造物小史

丝绸源起

中国以养蚕治丝名闻天下，丝织历史十分久远。在山西、河南、浙江等地的新石器时代文化遗址中，人们发现了蚕茧、丝线、丝带等文物。这证明生活在黄河和长江流域的上古先民，已经开始生产和使用丝绸。早在 2 000 多年前，中国的丝织品便已

▪ 浙江湖州钱山漾遗址出土的丝绢残片

传播到东亚、中亚、欧洲等地，成为世界了解中国的窗口和中外经济、政治、文化交流的桥梁。

栽桑养蚕

栽桑养蚕是丝织业出现的基础。在古代的黄河和长江流域，野生桑树分布广泛。到了商代，人们已经开始栽培桑树。宋代，人们将嫁接法应用到桑树的繁育上，这对保持并培育优种、加速桑苗繁殖等具有重要意义。古人对蚕的认识和驯化，始于新石器时代。到了战国时期，人们对蚕的生理、生态已有较深入的认识。荀子曾作《蚕赋》，记录了蚕的习性。宋代以后，养蚕技术不断提高，丝绸生产效率也持续提升。这一时期的许多农书总结了养蚕的要诀、工具使用，以及蚕的种类、习性等实践经验。明代的《天工开物》一书，记录了通过杂交培育优质

● 魏晋画像砖采桑图

新蚕种的方法。这可以说是世界上最早的关于家蚕杂交优势的记录。

传统工艺

中国传统丝织工艺非常复杂，在通过养蚕获得蚕茧后，还要经过缫丝、丝织、练漂、印染等多道工序。只有对每一道工序都一丝不苟，准确把握每一个细节，才能织造出完美的丝绸。

缫丝：这道工序是指将蚕茧放入热水中煮，通过高温使蚕茧中的丝胶溶解，令丝素从其中分离出来，从而获得纺织的原料。关于缫丝时的温度，宋代秦观在《蚕书》中记载，“常令煮茧之鼎，汤如蟹眼”。从科学角度看，就是将温度控制在80 ℃左右。这样的温度既不会因过高而使丝胶溶解过多，影响丝的抱合力和丝色，又不会因水温过低导致丝胶溶解缓慢，影响缫丝效率。宋代劳动人民还将手摇缫车改进为脚踏缫车。在

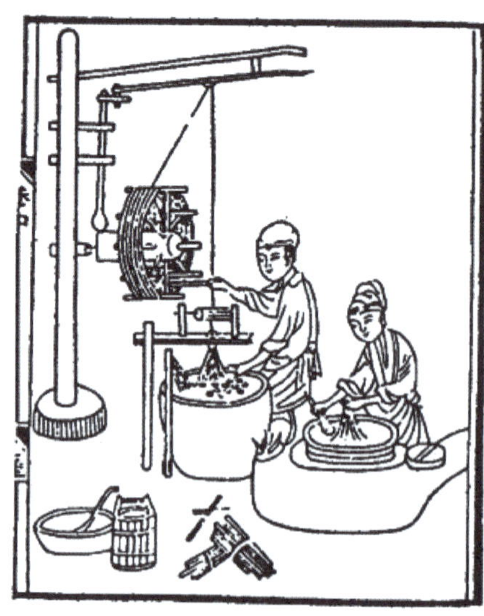

左：《豳风广义》中的手摇缫车插图
右：《天工开物》中的脚踏缫车插图

缫丝时，用脚踩动踏板，带动缫车运动，从而可以腾出双手完成捞丝、缠丝等工作，大大提高了缫丝的质量和产量。

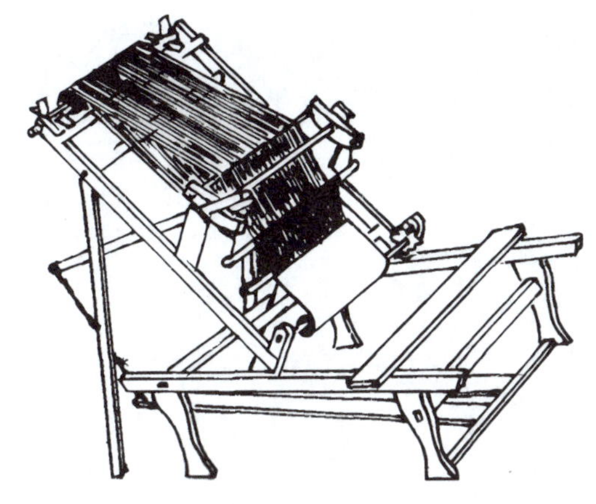

▪ 汉代斜织机复原图

丝织：从缫车上取得的丝，经过一系列准备工作后，就可以放入织机进行编织了，有时也可以先脱胶染色再进行丝织。未经脱胶染色的丝织工艺称为生织，脱胶染色后的称为熟织。放入织机的丝线一般分成垂直的两组进行交织，其中沿织物纵向排列的丝线为经丝，沿织物横向排列的丝线为纬丝。经丝和纬丝按照不同的方式交织，便会形成不同种类、不同纹样的丝绸。战国时期的工匠发明了踏板织机，使纺织效率得到了显著提升。踏板织机利用的杠杆原理，用蹑（脚踏板）来控制综（吊起经线的装置）的升降，使经纱分成上下两层，形成一个三角形开口，从而织造平纹织物。欧洲直到6世纪才出现类似的装置，到13世纪才广泛应用于生产。为织出带有复杂花纹的织物，战国时期的工匠发明了提花机。此后，踏板织机和提花机经过不断改进，逐渐演变为互动式双蹑双综机、大花楼机。生产工具的不断创新，是中国古代丝织业保持领先地位的关键。

练漂：如果想让织出的丝绸变得柔美，就要进行练漂，即用加入脱胶剂的水，洗掉蚕丝表层的丝胶。早在西周时期，工匠们便掌握了练漂丝绸的技艺。唐代画家张萱所作的《捣练图》就生动描绘了古代妇女练漂丝绸的情景。

印染：经过练漂的丝绸是白色的，印染则赋予了丝绸色彩缤纷的魅力。早在周代，人们便懂得用植物的叶、花、果实、

宋代梁楷《蚕织图》展现的单动双综双蹑织机

根等部分制作颜料。古代丝织艺人还发明了夹版彩印、扎染、蜡染、套染等技术，这些技术使得丝绸制品的色彩变得更加绚丽，为人们设计出更多美丽的服饰奠定了基础。

交流互鉴

我国的丝绸织造技术，在秦汉时期便已趋于成熟。后世匠人不断进行技术革新，使生产效率和产品质量得以持续提升。自西汉起，丝绸作为贸易货品开始规模化运往世界各地，从而开辟了一条从长安出发，通向欧洲的以丝绸交易为主的商道，即丝绸之路。在这条丝绸之路上，东西方文化频繁交流，使中国的丝绸技艺也融汇了世界多元文化。例如，唐代的丝绸印染技术中增加了许多来自西域的红花、苏木、靛蓝等染料，而波斯锦的传入则为中国带来了斜纹纬锦织造技术。这些外来的原料和工艺都促进了中国丝织业的发展，进一步巩固和提升了丝绸在中国古代出口商品中的地位。

中华名匠

陈宝光妻

陈宝光妻，即西汉巨鹿郡（郡治在今河北平乡）纺织手工业商人陈宝光的妻子。她是丝织巧匠，熟练掌握提花织造技术，擅长织造蒲桃锦、散花绫等，并对传统的提花机进行了改进，成功创造出可以织造复杂图案的多蹑提花机。

提花机早在西汉时期就已应用于丝绸织造业。东汉王逸在《机妇赋》中对提花机作了形象化的描述，生动地再现了汉代提花机“动摇多容，俯仰生姿”的工作场景。汉代的提花机由早期的腰机发展而来，基本上已经具备了我国传统提花机的各种部件。提花机的操作由织工和提花工两人共同完成。提花工坐在约3尺高的花楼上，按照预先设计好的纹样进行挽花提综。织工在机前上拉一束，下投一梭，一往一来操作。两人相互配合，可以织出各种复杂多变的纹样。陈宝光妻结合自身长期实践的经验，

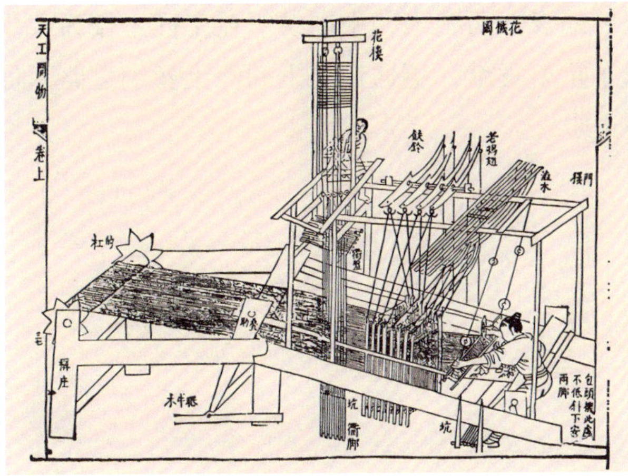

▪《天工开物》中的提花机插图

将复杂的提花机改良为 120 综机型。这一改良不仅提高了高档纺织品的生产效率，也进一步提升了织锦图案的精确度。

具体看，陈宝光妻对提花机的改良体现在以下三个方面：其一，同类合并。陈宝光妻从成百上千的综束中找出变化规律，进行同类合并，使提花机在保持 120 综和 120 蹑的条件下，能够在相对较短时间内织出更为复杂的纹样。其二，增加综框。为了织出更多复杂的纹样，陈宝光妻增加了综框的数目。就当时的提花机而言，两片综框只能织出平纹组织，3～4 片综框能织出斜纹组织，5 片以上的综框能织出缎纹组织。其三，经纱分组。为织出复杂的、花形循环较大的纹样，陈宝光妻把经纱分成更多的组。

当然，陈宝光妻改良后的提花机仍存在一些缺点：体积笨重，要求操作人员具备高超的技艺和丰富的操作经验，且综和蹑的数量依然较多，操作烦琐。从提花机工作原理看，蹑越多，纺织速度越慢，劳动强度越大。不过，在当时，多综多蹑提花机无疑是一项创造性的革新，对提高丝织物的质量起了重要的作用，特别是它能织造名贵的散花绫，而改良以前的提花机很难织造这样的高档织物。此后，绫、罗、绸、缎成为我国丝绸的四类品种。可以说，陈宝光妻的技术革新对中国丝织业的发展产生了深远影响。

陈宝光妻是中国古代女性工匠的杰出代表，是古代纺织业千万工匠的缩影。历史上，中国纺织业工匠不仅为中华文明的发展作出了重要贡献，更通过陆上和海上丝绸之路，促进了世界文明的进步。

文明价值

丝绸的生产工艺与产品消费相互促进，共同推动了中国乃

至世界纺织业的发展。人们对丝绸产品的需求促使中国丝织技术不断进步，丝织工具不断改进，养蚕规模不断扩大。随着丝织品质量的提高和供给量的增加，人们对丝织品的需求也进一步扩大。中国丝绸产品流传到中亚、西亚和欧洲后，深刻影响了世界纺织业的发展，曾经颇为流行的中亚、西亚丝织品粟特锦、波斯锦，以及东罗马织造的大秦锦就是证明。

丝绸作为传统艺术的重要载体，推动了传统艺术的发展。丝绸的纹样、色彩和图案直接影响了中国的服饰、绘画、雕塑等艺术形式。同时丝绸还成为中国古代诗歌、戏剧、小说等文艺作品的常见描写对象，可见其影响延伸到了文学领域。

丝绸贸易促进了中国与亚欧各国的文明交流互鉴。丝绸之路不仅是沿线各国的商业繁荣之路，也是技术技能的创造与融合之路、艺术的借鉴与发展之路。回望历史，丝绸可谓中外交流的象征性符号，可谓中华工匠献给世界的瑰宝。

匠心接力

1. 陈宝光妻革新的纺织工具促进了丝织工艺的发展与普及，使巨鹿郡一度呈现出“缫丝鸣机杼，百里声相闻”的盛况。请简述陈宝光妻从哪些方面对提花机进行了改良。

2. 根据所学并查阅资料，总结中国古代丝织产业的发展历程，了解丝织行业在信息时代的发展前景。把你的学习成果制成电子文稿，向其他同学做介绍。

瓷器

中国名片

自古以来，瓷器就是中国的一张亮丽名片。以泥土成型，以火焰炼制，匠人们将心血、智慧以及中华文化一并融入其中，一件件造型典雅、色泽莹润的瓷器便诞生于窑炉之中，走进千家万户。瓷器展现的不仅是匠人的精湛手艺和独特审美，更承载着中华文化的温度与厚度。那么，中国瓷器的发展经历了怎样的历程？中国瓷器给人类文明带来了哪些深远的影响？

造物小史

瓷器是中国的伟大发明之一。在世界历史上，中国曾长期是瓷器的最大生产国和出口国，大量的精美瓷器通过海路、陆路被贩运到世界各地。由于对中国瓷器的喜爱，近代以来，欧洲人开始用“China”（中国）的首字母小写形式“china”来称呼中国的瓷器。后来，“china”逐渐成了所有瓷器的总称。

原始瓷器

瓷器是由陶器发展而来的。在一万多年前的新石器时代，中国已经出现了用黏土烧制而成的陶器，并广泛应用于日常生活和生产之中。商代出现了原始瓷器。原始瓷器与陶器相比有三点不同：首先，它以主要化学成分为硅酸铝的瓷土或高岭土为制胎原料；其次，其胎的表面有一层玻璃釉；

最后，烧制温度更高，达到1 100~1 200 ℃。在烧制过程中，釉中的氧化铁变成为氧化亚铁，因此，原始瓷器呈现淡青绿色。不过，由于原料加工不够精细、窑内温度不够高，瓷胎质量较差，釉胎结合不够牢固，与后代的成熟瓷器相比仍有一定差距。

原始瓷——青釉弦纹罐（商代）

南青北白

原始瓷器出现以后，历经上千年的发展，东汉的工匠成功烧制出了成熟的瓷器。东汉的瓷器产地主要分布在今浙江绍兴、余姚一带，被称为越窑；釉色为青色，是为青瓷。越窑青瓷以当地盛产的由石英、绢云母等矿物组成的瓷石为原料，经过1 300 ℃以上的高温烧制而成，胎质呈白色，吸水率低，胎釉结合紧密，达到了瓷器的标准。在实践中，古代工匠逐渐掌握了原料含铁量与釉色之间的关系，并在南北朝时期成功烧制了白瓷。由于白瓷是后世创造彩绘瓷的基础，因此白瓷的出现在瓷器史上意义重大。

唐代是中国瓷器的发展时期。此时白瓷烧制工艺已经成熟，窑口多集中于北方，主要有河北的邢窑、定窑，河南的巩义窑、密县窑，山西的浑源

青釉布纹划花双系壶（东汉）

▪ 陕西扶风法门寺地宫出土的八棱净水秘色瓷瓶（唐代）

窑、平定窑，陕西的黄堡镇窑。北方的白瓷与南方的青瓷共同形成“南青北白”的格局。

青瓷制造在唐代的重要成就是出现了秘色瓷。这种瓷器是当时专供皇室使用的高档青瓷，胎泥细腻纯净，釉面晶莹通透，外表呈青绿色，时人赞其为“千峰翠色”。烧制秘色瓷时，需将其放入一次性匣钵中密封，隔绝氧气，形成强还原气氛，从而将含铁氧化物和钛氧化物都相当高的瓷釉烧成青绿色。

青花瓷最早出现于唐代。这种瓷器是将含钴的矿物颜料画在白瓷坯上，再涂上透明釉后烧成的，出窑后呈现白地蓝色彩饰。因此，青花瓷是一种釉下彩瓷器。唐代青花瓷多产自河南的巩义窑。

唐代瓷器不仅流行国内，而且远销东亚、西亚以及非洲等地。同时期的朝鲜、日本、波斯等地工匠都来中国学习制瓷技艺。

五大名窑

宋代是中国瓷器的繁荣时期，出现了名垂史册的五大名窑——汝窑、哥窑、官窑、钧窑、定窑。这五大名窑烧制的瓷器在胎质、釉料和制作工艺等方面均已达到成熟阶段，且各具风采。其中，汝窑以烧制宫廷用瓷而著称，所制瓷器胎质细腻光洁，釉色青中带蓝，晶莹润泽，是宋瓷之精品。哥窑以独特的冰裂纹瓷器闻名于世。官窑专门烧制宫廷用瓷，以盘、碗、洗等圆器居多，器身有葵瓣、菱花等多种式样，釉面多有开片。钧窑烧制的瓷器有青中带红的“钧红”，也有天青色或月白色与紫红色相辉映的“钧紫”。定窑则主要烧制白瓷，胎质薄而坚实，瓷釉洁白且富有光泽。

宋代汝窑天青釉圆洗

此外，宋代龙泉窑、景德镇窑以及西夏的灵武窑等窑口也颇负盛名。宋代瓷器充分展现了当时社会高雅的审美追求，达到了瓷器艺术的高峰。印度尼西亚曾在其周边海域打捞出的中国宋代沉船中发现了大量瓷器，这反映了宋代瓷器畅销海外，名扬世界。

宋代哥窑棒槌瓶

硬胎彩瓷

元、明、清三代，中国的制瓷技术继续发展。这一时期，江西景德镇窑渐集全国制瓷技术之大成，成为中国乃至世界瓷器生产的中心。元代，工匠们开创了高岭土与瓷石相结合的二元配方制瓷，使得瓷胎的质量逐步接近现代硬质瓷器的标准。同一时期，青花、釉里红两种釉下彩瓷器制造技术也步入了成熟期。工匠们还将这两种技术巧妙地结合在一起，烧制出了“斗彩”瓷器。制作这种瓷器时，要在已制成的青花瓷上用红色颜料绘图，然后再在低温下二次烧成。明、清两代的彩瓷技术发展迅速，色谱大大扩充，使瓷器上的图案更加细腻逼真。清代还出现了珐琅彩瓷器，这种瓷器利用源自欧洲的珐琅彩料制成，其图案受欧洲绘画艺术的影响，体现了中外文化艺术的融合。

中华名匠

唐英

唐英铜像

唐英（1682—1756），字俊公，晚号蜗寄老人，是清雍正、乾隆时期著名的制瓷家。唐英从 16 岁起供役内务府，年近半百时以内务府员外郎衔，被派驻景德镇御窑厂督理窑务。他在此工作了近 30 年，恪尽职守，殚精竭虑，为景德镇制瓷工艺与瓷器文化的发展作出了不可磨灭的贡献。

唐英自任职景德镇起，就没有摆过官架子。上任之初，他并未“新官上任三把火”，而是闭门谢客，推掉应酬，默默地脱下官服，换上御窑厂窑工的服装。从此，无论是刮风还是下雨，窑工们都能够看到一个谦虚和善的中年人，在御窑厂的院墙内从这个作坊走到另一个作坊，低调观摩，不时向窑工请教，并主动实践各个工种的苦活儿、累活儿。唐英在学习制瓷技艺的同时，还学习当地方言，以便与窑工们更好地交流。他与大家同吃同睡同劳动，慢慢获得了窑工的信赖和亲近，从而得以深入学习研究有关泥土、釉料、坯胎、窑火的各种工艺，使自身知识储备和技能水平迅速提升。如此过了三年，唐英由一个制瓷新手变成了深谙胎料火性的瓷器烧造专家。原本，技术方面他完全听从窑工的意见，此时他已经可以自主创新。

唐英“出师”后，便致力于瓷器生产的全面“升级”。他治理下的景德镇御窑厂善仿古代名窑的釉色，又有多种创新，所造瓷器精纯粹美，集古代瓷艺之大成。为了仿制宋代名窑瓷器的釉色，唐英亲自深入民间探访，还专门前往宋代窑口旧址考察宋瓷的胎釉情况。为了模仿钧窑瓷釉，他派幕僚吴尧圃前往钧州访察。吴尧圃不负所托，带回了玫瑰、翡翠等几近失传的宋代名釉配方，这为景德镇御窑厂成功烧造仿古瓷器奠定了基础。今天，故宫博物院收藏的雍正款仿钧窑玫瑰紫釉花盆托、雍正款仿钧窑鼓钉三足洗等就是景德镇御窑厂所产仿古瓷器的代表。这类瓷器不仅模仿了宋代钧窑瓷器上的釉饰，还运用了许多独特的施釉技法，釉色相较于宋瓷更加丰富，因而具有独特神韵，取得了仿钧瓷而超越钧瓷的艺术成就。此外，宋代官窑、哥窑、汝窑等名窑瓷器也被当时的景德镇御窑厂仿制出来。

景德镇御窑厂在唐英的主持下，还成功研制出了窑变釉。此前，窑变是由于窑内温度不均而偶然产生的、富有变化的釉色。自唐英起，工匠们才掌握了按计划烧造窑变釉瓷器的技术。今天，大批精致的景德镇御窑厂制作的窑变釉瓷器，如雍正款窑变釉弦纹瓶等，仍珍藏于故宫博物院。而且，单从工艺角度看，景德镇御窑厂烧造的窑变瓷器比前代的窑变瓷器更为精湛。因此，窑变也是唐英的一大卓越成就。

烧制龙缸是唐英的另一项得意之作。龙缸是帝王专用之物，早在明朝初年，景德镇就设有专门的龙缸窑。龙缸形制巨大，周身饰有龙纹，在当时被视为皇权的象征。明代大龙缸的烧制工艺非常复杂，到明万历后期，几近失传。为了烧造龙缸，唐英采用集中力量研究、寻访考察、查阅典籍等方式确定原料和工艺，最终复制出这种瓷器。

综合各方面情况，可以说在唐英督窑期间，景德镇制瓷成就达到了古代的最高水平，胎质、釉面、品种、工艺、装饰等方面均达到了登峰造极的地步。后人将唐英在景德镇督造的瓷器称为“唐窑”。唐英撰写的《陶成纪事》《陶人心语》《陶冶图说》等著作都是研究古代陶瓷工艺的珍贵文献。

文明价值

瓷器作为中华传统文化的重要载体，不仅为人们的生活提供便利，还大大丰富了人们的生活情趣，对推动中华文明发展和维系中华传统文化传承起到了重要作用。

在古代，瓷器是中国大宗出口货物之一，是中外经贸往来的重要基础。无论是陆上贸易还是海洋贸易，瓷器都在不同时期为中国带来了可观的经济利益，在一定程度上促进了经济社会的繁荣发展。

中国瓷器承担着中外文化交流使者的角色。随着中国瓷器传入西方，欧洲人对中国文化产生了浓厚兴趣。许多欧洲人不仅把中国瓷器当作日常生活用具，还当作室内装饰品。这些具有中国文化特色的瓷器不仅影响了西方人的生活方式，还为他们的生活环境增添了浓厚的艺术气息，丰富了他们的审美体验。

此外，中国瓷器还为西方工匠提供了借鉴，促进了西方制瓷技术的发展。17—18 世纪，欧洲的制瓷业发展到了一个高峰。由此，欧洲的制瓷工艺开始影响中国瓷器的发展。例如，在乾隆朝中后期，广彩瓷的纹饰就明显受到了欧洲古典画派的影响，其色彩层次感和跳跃感十分明显。

匠心接力

1. 中国瓷器自商代至清代一直在不断发展，从器形到釉料都越来越精美。中国瓷器的发展历程反映了古代制瓷工匠具有怎样的精神品质？清代制瓷专家唐英的哪些事迹可以印证这些精神品质？

2. 请结合所学并查阅资料，以“瓷器——中国名片”为题，写一篇介绍中国瓷器特点与海外传播历程的自媒体文稿。

第五单元

文化传播

蔡侯纸

文明载体

蔡伦是一位名垂青史的发明家。他改进了造纸技术，发明了蔡侯纸，大大提高了文化的传播效率，为中华文明的传承提供了强有力的物质支撑。实际上，书写材料的出现，甚至纸的出现都远早于蔡伦所处的年代。那么，为什么蔡伦发明的蔡侯纸能够脱颖而出，替代早期的书写材料呢？其中蕴含怎样的技术革新和工艺改进？

造物小史

早期书写材料

在纸被正式发明之前，人类从未停止对书写材料的探索，例如古巴比伦人用泥板书写，古埃及人发明了莎草纸，古帕珈马人发明了昂贵的羊皮纸，美洲的玛雅人和阿兹特克人用树皮作纸，中国古人则将文字写在兽骨、龟壳、青铜、简牍、缣帛之上。然而，这些材料均存在不易获取、书写、携带的缺陷。

● 灞桥纸残片

1957 年，在西安灞桥出土了一种西汉时期的麻类纤维纸残片，后来被定名为“灞桥纸”。这是迄今所知世界上最早的纤维纸片。经检测，灞桥纸含有少量苎麻，纤维分布不均，并呈不规则异向排列，结构松散而易碎裂。因此，这种纸用于书写并不可靠，也难以长期完整保存。后来，考古工作者在甘肃天水、敦煌等地也发现了西汉时期画有地图或写有文字的纸张残片。这些纸的原料、质地与灞桥纸相似。

蔡伦造纸

东汉时期，蔡伦改进了造纸技术。蔡侯纸的诞生标志着人类书写材料进入了一个新时代。

与蔡伦同时代的许慎在《说文解字》中对“纸”有这样的定义：“纸，絮一苫也。”许慎对“纸”的解释能说明蔡伦造纸的一些核心技术。第一，原料选用。在“絮一苫”中，“絮”即丝絮和类似丝絮的事物，一般来说指各种纤维。《后汉书·宦者列传》记载：“伦乃造意，用树肤、麻头及敝布、鱼网以为纸。”这说明蔡伦以树皮、麻头、破布、渔网等富含植物纤维的物品为原料造纸。第二，蒸煮制浆。蔡伦在实践中首创了草木灰碱液蒸煮工艺，即将树皮、麻头、破布和渔网等原料捣碎、煮烂，并加入草木灰，使原料中的植物纤维分离。成稀糊状的草木灰不仅能迅速分解原料纤维，而且也能分离出部分色素，大大提高了生产效率和纸张质量。第三，面筛捞纸技术。在“絮一苫”中，“苫”即细竹网，是一种捞纸工具。它能将纸浆留在筛面上，过滤掉水分。脱水后的纤维在细竹网上形成具有一定结构强度的纸，然后将其取下、铺平、晾干。

105年，蔡伦将制成的优质麻纸进呈朝廷，并得到推广，“自是莫不从用焉，故天下咸称‘蔡侯纸’”。蔡侯纸的制造原料廉价易得，工序科学、简练，逐渐取代了简帛，在晋代已成为通用的书写材料。纸在中国社会的广泛使用，大大促进了文化艺术的发展和知识的传播。

传统造纸业的发展

▪ 薛涛制笺图

中国的造纸术在蔡伦改进造纸术后仍在持续改进，造纸业规模不断扩大。

东汉末年：左伯改进了造纸技术，所造的麻纸被后人称赞为“妍妙辉光”，兼具精细、洁白、光滑等优点。

魏晋南北朝：工匠们在造纸过程中加入了植物淀粉，减少了纸的透水性，使其更利于墨笔书写。另外，这一时期还出现了以黄檗汁染黄的黄纸，以及其他颜色的纸。

唐代：这一时期出现了以檀树皮制造的宣纸、女诗人薛涛以芙蓉为原料制成的薛涛笺，以及以竹为原料的竹纸等多种纸品。其中，产自安徽宣城的宣纸质量尤佳。

宋元时期：这一时期是中国造纸术的成熟阶段，出现了稻麦秆纸、混合原料纸等多个品种。竹纸（制造工艺见下页图）因其原料遍布南方各地，自宋代起发展迅速，不仅被人们用于日常书写，还逐渐成为应用广泛的印刷用纸。宋元时期还有多种艺术加工纸，元代御用的明仁殿纸及端本堂纸均属此类。史料记载明仁殿纸上有泥金隶书“明仁殿”三字印。

明清时期：这一时期造纸业进一步发展。明代宣德贡笺有瓷青纸、五色粉笺及金花纸等品种，风靡一时。清代，造纸业兴盛，且不再局限于南方，北方造纸业也颇具规模，造纸原料更加多样化。例如，陕南纸厂的纸品以当地的竹子为原料，山东产的毛头纸则以桑树皮和楮树皮为原料。清代的新疆和西藏亦产纸。新疆纸用桑皮、棉布、茧屑混合制成，粗厚强韧。西藏的造纸中心在江孜，其纸用当地有毒的小灌木浸碎而制，具有防蛀功能。

❶砍竹浸沤

❷蒸煮竹麻

❸荡帘抄纸

❹压榨烘纸

● 竹纸的制作工艺

中华名匠

蔡伦

蔡伦（约 63—121），字敬仲，东汉桂阳郡人，汉明帝永平年末入宫，在京师洛阳做了宦官。汉代的桂阳郡所在地，今属于湖南省衡阳市的管辖范围，小时候的蔡伦就生活在这里。由于家乡矿产丰富，冶炼发达，又临近铸剑业发达的越国，蔡伦自小对铸剑及其他器物制造工艺颇有兴趣和心得。

汉和帝时期，蔡伦升为中常侍，得以近距离接触皇帝，并参与政事。蔡伦很有才学，敦厚谨慎。每当他发现皇帝的失误或过错，总是不惜触犯龙颜也要指出来，力促皇帝改正。每到休假时，蔡伦就闭门谢客，亲自到田野间考察民情。

由于喜欢造剑和摆弄器物，蔡伦还兼任尚方令，职责是制造兵器及宫内器具。他精益求精，所监造的器械“莫不精工坚密”，被后世效法。

汉和帝刘肇亲政后，重用身边的宦官。他对内宽缓为政、聚贤纳士，对外抗击匈奴、平定西羌，营造了较为宽松的内外形势。随之而来的社会发展和文化传播需要大量文书。然而，当时的书写材料中，缣帛太贵，竹简太重且易散。虽有一种用大麻和苎麻造的纸，但大麻和苎麻的生长受气候限制，产地有局限性，而且要扩大这种纸的产量，还必须扩大大麻和苎麻的种植面积，这就会影响粮食生产。另外，这种纸质地不均，既不利于书写，也不利于保存。以上各种因素为蔡伦改良造纸技术提供了合适的外部环境和动力。

为寻找成本低廉、纤维合适的材料，蔡伦不断进行实地考察。相传，蔡伦曾在大雨连绵数日后去民间探访。他来到了洛阳城外的洛河边，见到有好几棵大树腐烂倒地，树上还缠绕着一些破烂渔网和破布。蔡伦敏锐地意识到这些树皮、渔网和破布与大麻、苎麻等植物纤维类似，很有可能制成书写材料。于是，蔡伦搭建了一个临时作坊，进行造纸试验。

蔡伦在前人方法的基础上，经过无数次的试验和改进，最终成功制造出实用的纸张，并发展出一套效率较高的造纸工艺。他所用的原料包括树皮、渔网、破布，以及难以用于纺织的碎杂短麻（麻头）。其工艺大体是先把原料用水浸，使其涨开，再用刀斧切碎，用水洗涤，然后用草木灰水浸透并且蒸煮。草木灰有较强碱性，通过碱液的蒸煮，原料中的色素、木质素、胶质、油脂质等杂质都能被除去。这已经有了后世化学碱法制纸浆的雏形。原料经蒸煮后用清水漂洗，再用大力长时间舂捣。捣碎后的细纤维用水配成悬浮的纸浆，再用细孔面筛捞取，经过脱水，干燥之后就成为纸张。

105 年，蔡伦将造纸情况呈报朝廷，受到皇帝的赞赏。此后，蔡伦发明的纸逐渐在全国普及，人们都称其为“蔡侯纸”。蔡侯纸的发明使得中国逐渐脱离了竹简、丝帛书写的历史，也翻开了人类文明史的新篇章。

文明价值

纸为中华文化的传承提供了可靠的载体。与古埃及、古巴比伦、古印度相比，中华文明在历史上从未中断，这与中国很早就用纸记录文字和图画有很大关系。中国古代不同时期都编纂过大型资料汇编图书，如《太平御览》《古今图书集成》《永乐大典》等。这些图书能编纂成功，很大程度上依赖于早期纸质资料的稳定保存。

纸是塑造中华文化品格的关键因素。中国书法和绘画集中反映了中华文化品格，这些作品大多是以纸为依托的。中国书法书写的不仅仅是中华文字，更是中华民族的气质与性格；中

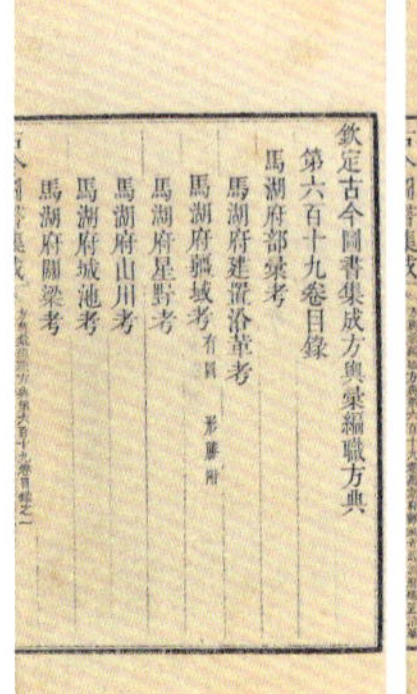

欽定古今圖書集成方輿彙編職方典
第六百十九卷目錄
馬湖府部彙考
馬湖府建置沿革考
馬湖府疆域考 有圖 形勝附
馬湖府星野考
馬湖府山川考
馬湖府城池考
馬湖府關梁考

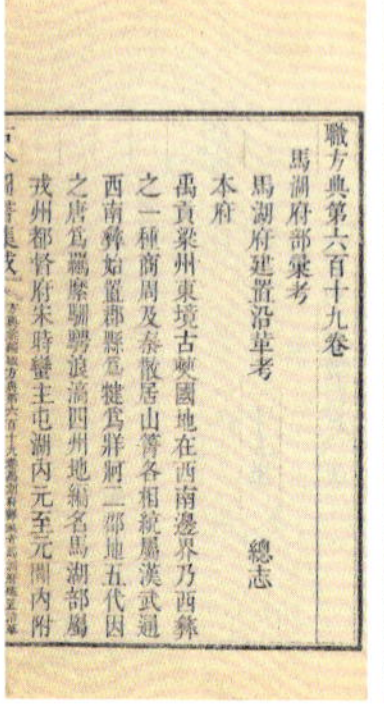

職方典第六百十九卷
馬湖府部彙考
馬湖府建置沿革考 總志
本府
禹貢梁州東境古僰國地在西南邊界乃西彝
之一種商周及秦散居山箐各相統屬漢武通
西南彝始置郡縣爲犍爲牂牁二郡地五代因
之唐爲羈縻驪驢浪滴四州地總名馬湖部屬
戎州都督府宋時蠻主屯湖內元至元間內附

欽定古今圖書集成 方輿彙編 職方典

古今图书集成内页
（清代善本）

太平御览内页
（清代善本）

富春山居图（局部），此图由元代黄公望绘制，原画画在6张纸拼接的长卷上

国画所绘不仅仅是中华大地上的万物形象，更是中国传统美学和哲学的意象。中国书法和绘画独特技法及风格的形成，离不开宣纸等中国传统纸张特性的支持。

纸和造纸术的海外传播为世界文明的发展作出了贡献。汉末，纸和造纸术就传入了朝鲜半岛和越南，7 世纪初传入日本。8 世纪，阿拉伯人利用战争中被俘的唐朝工匠在中亚的撒马尔罕造纸。后来，纸和造纸术逐渐传至西亚、非洲和欧洲。14 世纪，意大利的造纸业兴盛起来，成为欧洲造纸术的传播中心。由此，世界各地的文明传播和传承都有了更优良的载体，人类文明的发展也因此加快了脚步。

匠心接力

1.《后汉书》中有一段关于蔡伦的记载：“每至休沐，辄闭门绝宾，暴体田野。”请简述这段材料反映了蔡伦怎样的精神品质。

2. 查阅有关资料并结合所学，谈谈蔡伦造纸面临的主要难题有哪些，他是怎样克服的，对你有怎样的启发。

活字

印版革新

今天，我们要提供一份文稿或出版一本图书，有智能化的打印机、印刷机为我们服务。在古代，人们是怎样开展印刷的？中华文化博大精深，古代文献资料浩如烟海，我们的先辈又是怎样提高印刷效率，从而实现大量刊印、广泛传播的？

造物小史

雕版印刷

印刷术最早起源于中国。工匠们最早发明的印刷技术是雕版印刷术，其出现不晚于隋代，而且很快传播到了朝鲜与日本等地。直到清代，雕版印刷技术的使用仍较普遍，对中华文化的保存、发展和传播起到了重要作用。

雕版印刷的工艺过程大体可分为制作印版和印刷两部分。

制作印版：先要选好材料（多用杜梨木、枣木、红桦木），制作坯版；再将录有图文信息的纸反贴其上；然后，雕刻坯版，使待印文字、图案形成凸出的反体阳文，即制成印版。

印刷：固定印版，用棕刷在版面涂墨。然后在版面铺纸，并给予纸面适当、均匀的压力，印版上的图文即转印到纸张上。

雕版印刷使文化大规模传播成为可能，但也有明显缺点，如制作印版费时费料、错字难改、印版易朽易蚀等。采用雕版印刷，一本书就必须雕刻一套印版。因此，当印刷品种大量增加时，雕版印刷的缺点就会被成倍放大。

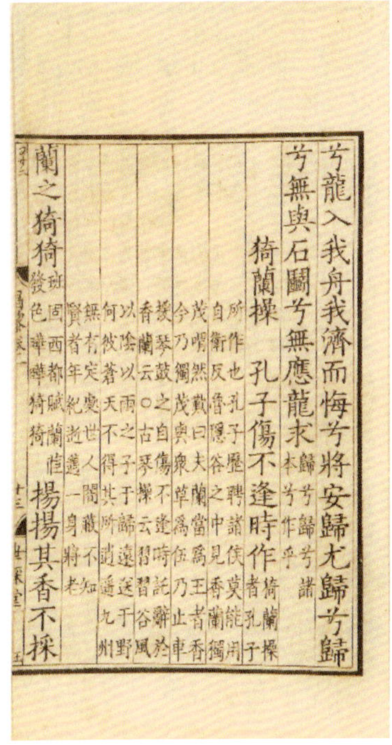

兮龍入我舟我濟而悔兮將安歸尤歸兮歸
兮無與石鬭兮無應龍求歸兮歸兮諸本兮作乎
猗蘭操 孔子傷不逢時作猗蘭操者孔子
所作也孔子歷聘諸侯莫能用自衛反魯隱谷之中見香蘭獨
茂喟然歎曰夫蘭當為王者香今乃獨茂與衆草為伍乃止車
援琴鼓之自傷不逢時託辭於香蘭云○古琴操云習習谷風
以陰以雨之子于歸遠送于野何彼蒼天不得其所逍遙九州
無有定處世人闇蔽不知賢者年紀逝邁一身將老
蘭之猗猗班固西都賦蘭茝發色曄曄猗猗揚揚其香不採

▪ 南宋雕版印制的《昌黎先生集》页面

▪ 清代木刻雕版《古本增广贤文》一角

泥活字印刷

随着唐宋时期文化的日益繁荣，为了进一步满足文化传播的需求，降低印刷的人力物力成本，北宋工匠毕昇首创了活字印刷术。这是世界印刷史上一次伟大的技术革新，比德国发明家古腾堡发明的活字印刷术早约 400 年。活字印刷与雕版印刷的最大区别在于，它并非雕刻整版，而是将每个字都制作成小印章似的活字，再按待印文本拣字拼版。其关键优势在于所有活字都可以重复使用。因此，活字只要雕刻一次，就可以用于印刷任何文本，而不必像雕版印刷那样，每次更换文本都要重新雕刻。根据《梦溪笔谈》的记载，毕昇发明的活字印刷术大体可分为制活字、固板、平印、回收四个步骤。

使是八除者增二便是但一位一因之若
位數少則頗簡捷位數多則愈繁不若乘
除之有常然筭術不患多學見簡即用見
繁即變不膠一法乃爲通術也
版印書籍唐人尚未盛爲之自馮瀛王始印
五經已後典籍皆爲版本慶曆中有布衣
畢昇又爲活版其法用膠泥刻字薄如錢
脣每字爲一印火燒令堅先設一鐵版其
上以松脂臘和紙灰之類冒之欲印則以
一鐵範置鐵板上乃密布字印滿鐵範爲
筆談 卷十八 八
一板持就火煬之藥稍鎔則以一平板按
其面則字平如砥若止印三二本未爲簡
易若印數十百千本則極爲神速常作二
鐵板一板印刷一板已自布字此印者纔
畢則第二板已具更互用之瞬息可就每
一字皆有數印如之也等字每字有二十
餘印以備一板內有重複者不用則以紙
貼之每韻爲一貼木格貯之有奇字素無
備者旋刻之以草火燒瞬息可成不以木
爲之者木理有疎密沾水則高下不平兼

元刊本《梦溪笔谈》页面

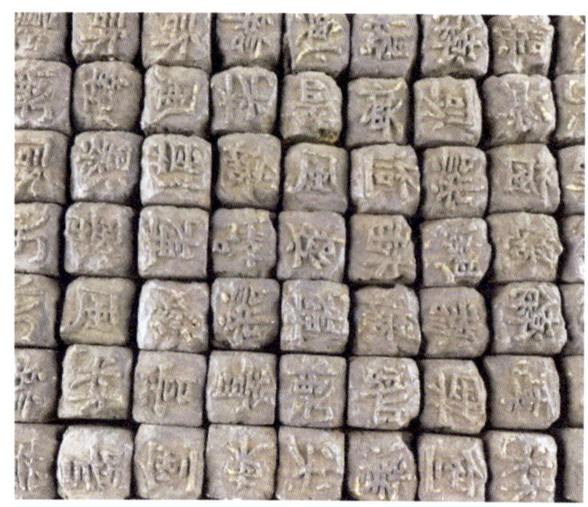

制活字：材料选用的是细腻的胶泥。在每块方形胶泥上刻制阳文反字（单字），然后用火烧硬。每个字都制作多个活字，以备在一个印版中重复使用。对于一些常用字，如“的”“之”“也”，每字要制作20多个活字。若排字时遇到没有预备好的生僻字，就临时制作。为便于拣字，平时按照音韵次序，将活字分类储藏在木格子里，并贴上标签。

需要说明的是，关于如何在胶泥上形成阳文反字，后人曾采用模具翻铸的方法，而并非直接在胶泥上镌刻。

固板：在敷有松脂、蜡和纸灰等固着剂的带框铁板上，按照待印文本选取活字并排好，然后把排好活字的铁板放到火上加热。待固着剂稍稍熔化时，用平板按压，使活字平整地黏附在铁板上。等固着剂完全冷却固结之后，即成印版，就可以开始印刷了。为了提高效率，毕昇使用了两块铁板，一块板在印刷时，另一块板上就已经排好字了。如此交替使用，提高了印刷速度。

平印：在印版面上均匀刷上墨，覆上纸张，然后按压，即可完成印刷。

回收：印刷完成后，把印版拿到火上烘烤，固着剂受热又熔化，泥活字就会从铁板上脱落。随后将其按音韵次序放回原来的木格中，保存备用。

木活字印刷

毕昇发明活字印刷术之后，历代工匠不断对其进行改进。元代学者王祯尝试使用木活字印刷，并创制了转轮排字盘，这一创新不仅提高了排字工匠的拣字效率，还大大减轻了他们的劳动强度。王祯将自己制造木活字和转轮排字盘的方法写入《造活字印书法》，并附于《农书》之中得以出版。为了克服木活字易变形的缺点，工匠们一般选用硬木来制造活字。例如，在清乾隆时期，使用木活字印刷了《武英殿聚珍版丛书》共 134 种，这些木活字均由质地坚硬的枣木刻成，活字总数高达 253 500 个。明清时期，传递朝廷政务信息的邸报（清乾隆年间名称固定为《京报》）以及地方一些家谱都广泛使用木活字印刷。在清代民间木活字印本中，乾隆年间萃文书屋排印的《新镌全部绣像红楼梦》（共有 2 个版本）影响较大，书中还配有插图。

转轮排字盘模型

金属活字印刷

金属活字印刷中最早出现的是铜活字。早在宋真宗时期，北宋官方就曾用铜活字来印刷纸币。此时的纸币印版大部系铜铸整版，局部使用铜活字填充。明代中期，完全使用铜活字的印刷术在南方民间逐渐流行起来。当时的无锡华氏、安氏家族以及浙江、福建等地的书商纷纷使用铜活字印刷了多种书籍，这些书籍被后世藏书家所珍爱。清政府也曾制造大量铜活字，在雍正年间印成了《古今图书集成》10 040 卷（含目录），共计 1.6 亿字，所用铜活字约 25 万枚。这一版本的《古今图书集成》是中国古代最大规模的铜活字印刷书籍。除了铜活字外，元代到清代还出现过锡活字、铅活字等金属活字。金属活字印刷相较于泥活字、木活字而言，成本较高，但是金属活字不易变形和朽蚀，更便于长期保存和使用。

用铜活字刊印的《古今图书集成》

中华名匠

毕昇

毕昇（约970—1051），北宋发明家，活字印刷术的发明者，生于淮南路蕲州蕲水县（今湖北省黄冈市英山县）。

▪ 湖北英山毕昇纪念园内的毕昇像

北宋时期，杭州一带经济发达，文化繁荣。当地手工业技术高超、行业兴旺，闻名海内。尤其是杭州的雕版印刷业更是在全国首屈一指。当时，北宋半数以上的书籍都是在杭州刻印的。相传毕昇曾在杭州官巷口一带居住，这里的书铺比较集中。他很早就进入一家书铺做雕版刻工。

毕昇不但手巧，而且喜欢思考。他并没有因长期从事同一种工作而故步自封，反而凭着丰富的经验，意识到雕版印刷最大的缺点就是每印一本书都要重新雕刻一套印版，时间、人力、物力的成本都很高。

为解决这个问题，毕昇冥思苦想，终于从印章中找到灵感——把每个字都做成一个小印章，灵活组合使用。这些单个字的小印章就是活字。

他曾经试验用木头做活字，但发现以普通木料制作活字虽易取材和雕刻，但成品易变形，使用寿命短。为降低成本，他又改用胶泥做活字。胶泥活字可重复使用的次数多，寿命长。而且，一副活字可排印任何书籍，有错字也容易更正，简单灵活，方便轻巧。于是，泥活字印刷术就诞生了。

关于毕昇所创活字印刷的规制，《梦溪笔谈》中有明确记载。

翟金生

北宋时，毕昇发明的泥活字在当时并未推广开来。历史滚滚向前，毕昇的发明一度湮没不闻，几乎绝迹。直到清代，终于有人成功复制了泥活字，并用于实际印刷。这个人就是翟金生。翟金生（1775—1857），字西园，出身于安徽泾县水东村，家里世代都是读书人。翟金生一生以教书为业，精通诗词，擅长绘画，有相当的艺术才能。

他热爱读书，也珍视书籍，常感叹普通人的著作多因印刷费用太高而被埋没。他感到特别遗憾的是，其先祖翟震川的著述就是因家中财力不足而无法出版。当他看到沈括在《梦溪笔谈》中关于毕昇发明泥活字印刷术的记载时，便决定自己制作泥活字，自己印书。在当时的条件下，制作泥活字是一项非常艰苦的工作，而且还要投入相当的成本。翟金生并没有被困难吓倒，甚至不顾近乎家徒四壁的窘境，全身心投入泥活字的研发中。

他先是经过试验确定了适于做活字的细腻黏土，然后又摸索出选模、做字、烧炼和修刮等一系列制作泥活字的方法。其大体流程是这样的：制作铜模，并将用黏土和成的胶泥注入模内，再放入炉中烧炼，出炉、脱模后，还要经过修刮，这样才算做成一个活字。为了尽快用泥活字进行印刷，翟金生从研制过程起就动员家人和学生一起动手。经过 30 年的不懈努力，翟金生终于成功制作出坚硬如石的泥活字 10 万多枚。这些泥活字都是宋体，分大、中、小、次小、最小 5 种规格，类似现在办公软件输出的一、二、三、四、五号字。

泥活字制成后，年届古稀的翟金生于道光二十四年（1844）试印了自己创作的诗词集 11 卷，定名为《泥版试印初编》。诗集上标注“自制泥字”，还加注了参与制造泥活字、排版、校对等一系列工作的子孙、亲戚和学生的名字。后来，翟金生又排印了《泥版试印续编》。总体上说，这两种试印的图书字画精美，纸墨俱佳，在当时是上乘的印刷品。后来，翟金生又以自制泥活字排印了友人黄爵滋的《仙屏书屋初集》，一次就印了 400 本。成百上千次的实践证明，翟金生所造泥活字性能稳定，经久耐用。这也为毕昇发明泥活字印刷术的真实有效性提供了强有力的证据。

今天，翟金生制造的部分泥活字收藏在中国科学院自然科学史研究所和中国国家博物馆，成为研究中国科技史和文化史的重要资料。

翟金生所制部分泥活字

文明价值

活字印刷术推动了中华文化的传播。相较于雕版印刷，活字印刷能更省时省力地刊印文献，从而加速了宋代以后的文化传播。

活字印刷术为中华文明成果的保存和传承提供了强有力的技术支持。宋代以后，随着文明成果的不断积累，文献内容越来越丰富，书籍体量越来越大，尤其是大型资料性书籍、大型集群式图书的出现，动辄上千万字的体量，使活字印刷术有了更大的用武之地。由此，大量的古代书籍得以更好地保存，中华文明也得以更完整、稳定地传承。

活字印刷术促进了周边国家的文化发展。12 世纪以后，活字印刷术流传到朝鲜半岛，并随后传入日本，这些地区的书籍印刷活动迅速兴起，出版物数量大大增加。16 世纪，中国工匠将活字印刷技术带到了菲律宾，既促进了当地经济社会发展，也为华人在当地站稳脚跟提供了基础，实际上也为当地进一步发展汇聚了人才。

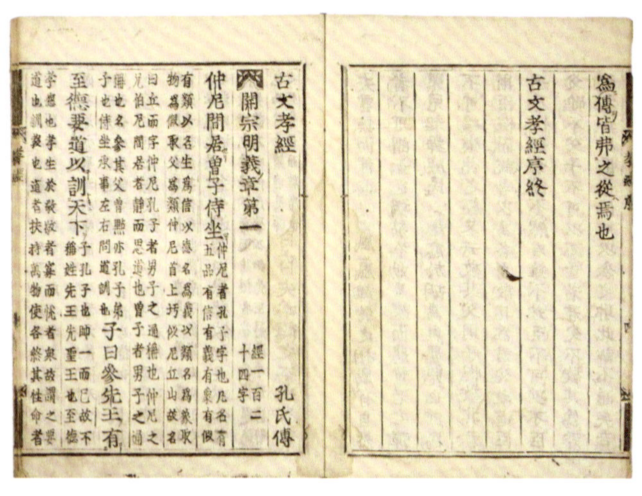
爲傳皆弗之從焉也
古文孝經序終
古文孝經　孔氏傳
開宗明義章第一
仲尼閒居曾子侍坐
子曰參先王有
至德要道以訓天下

日本活字印刷《古文孝经》页面

匠心接力

1.《梦溪笔谈》对活字印刷有这样一句评论："若止印三二本，未为简易；若印数十百千本，则极为神速。"据此概括活字印刷较雕版印刷有优势的一种场景，并简述产生优势的原因。结合所学，再找出一两种活字印刷的优势场景。

2. 结合印刷术的历史，谈谈推动技术和技能发展的客观因素有哪些。想想你的专业领域有没有这样的因素。如果有，在今后的工作中，你应怎样面对这些因素的影响?

第六单元

冶金军事

青铜器

文明之铸

青铜器是中国文化的瑰宝。1965 年，在湖北江陵望山 1 号墓中出土了一把古剑——越王勾践剑。它是一把铸于春秋晚期越国的青铜剑，被誉为“天下第一剑”，是青铜器中的珍品，展现了春秋晚期短兵器制造的卓越技艺。那么，中国古代青铜器究竟有哪些精妙之处？它们在中国文化史上又占据着怎样的地位？

造物小史

青铜起源

青铜一般是红铜（即纯铜，又名紫铜）与锡的合金，但也常含有少量的铅。按锡、铅的不同含量，青铜可分为纯铜型、铜锡型、铜锡铅型和铜铅型。青铜较红铜熔点低、硬度高。而且，青铜在冷凝时，体积会略有膨胀，这使得铸件的气孔较少，表面光洁细腻，从而增加了器物的美感。

中国青铜器出现于新石器时代。在甘肃东乡林家遗址出土的青铜刀，是目前中国发现的最早的青铜器，其制造时间距今 4 700 余年。河南登封王城岗遗址（公元前 2200 年至前 2020 年）出土的铜容器残片，是中原地区迄今发现的最早的青铜器，其铸造工艺已较为复杂。

河南偃师二里头遗址（约公元前 18 世纪至前 16 世纪）出土了大量的青铜器，包括各种式样的青铜兵器、容器、工具、装饰品等。其铸造作坊面积超过 1 万平方米。这说明当时青铜冶铸技术已日趋成熟，而且生产规模较大。

▪ 甘肃东乡林家遗址出土的青铜刀

▪ 河南偃师二里头遗址出土的青铜爵

商至西周

商代至西周时期，不仅青铜器的应用日益广泛，而且青铜器的制造工艺已十分成熟，从矿石的开采、冶炼，到器具的设计、铸造、装饰，形成了一套完整的流程。这一时期生产的许多青铜器，如后母戊鼎、四羊方尊等，展现出令人惊叹的铸造工艺水平。

这一时期，铜矿石主要开采自今湖北大冶、江西瑞昌等地。这些地区的铜矿遗址反映出当时的采矿和冶铜技术水平较高。商代已有地下开采技术，可通过挖掘竖井、斜井、平巷，深入地下采掘矿石，最深达 10 余米。西周时的矿井已深达 50 米。为保障地下采矿的安全，古代工匠发明了木

▪ 后母戊鼎

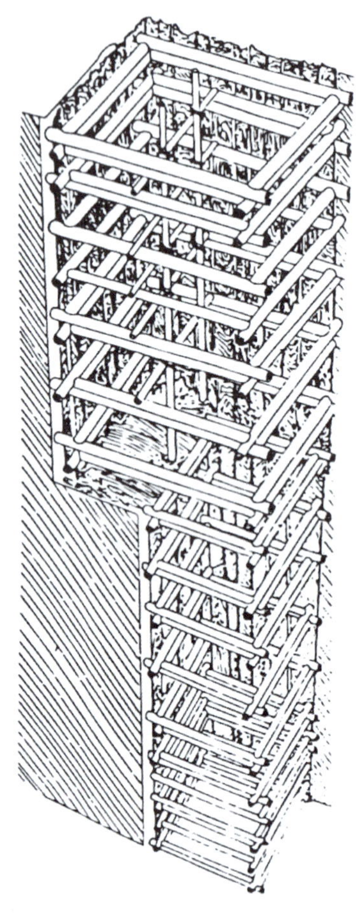
铜岭西周铜矿竖井支护结构

架支护井巷技术，即将木材交叉制成支架，装配在井巷四周或顶部。另外，为确保生产安全，西周时的矿山上还建造了较为完备的地面防水、地下排水系统以及地下通风系统。

这一时期，人们一般将开采出的铜矿石在矿山附近初炼，去除杂质后再运往铸造地进行精炼。初炼时，匠人们用石块、黏土、矿砂等耐高温材料筑成竖炉。炉基留好风沟，以便通风防潮、烤火保温。冶炼时先将铜矿石破碎，然后与熔剂、木炭一起投入竖炉内，以高温使铜熔化后流出，再凝固即得到粗铜。实验证明，一个竖炉一天可熔炼 300 千克铜，可见当时冶炼规模之大。精炼时，工匠们将仍含较多杂质的粗铜进一步提炼，使铜质更为纯净。精炼过程中会加入一定比例的锡、铅等成分，以得到青铜。

商至西周时期，青铜器铸造主要采用块范法工艺。块范法的第一步为制模。用陶土、木、骨、石等材料做成模型。第二步为制范。先用泥土敷在模型外面，脱下后形成外范。外范一般被分成若干块。然后，用泥土制一个体积、形状与容器内腔相当的内范。外范、内范之间的空隙即型腔，决定了容器的厚度。第三步为浇铸。将铜液注入外范或型腔中，待其冷却后，除去外范和内范。第四步为修整。将脱去范的铸件加以锤击、锯锉、錾凿和打磨，消除多余的铜块、毛刺等，使铸件表面光滑、精美。

对于大型或结构复杂的青铜器，当时的工匠发明了分铸法，即将青铜器的各个部位分别铸成，再连接为一体。后母戊鼎等大型青铜器均以分铸法制成。

这一时期铸成的部分青铜器不仅外部有繁复精美的花纹，内部还有大量铭文，是研究历史发展、汉字演进的第一手史料，堪称国之重宝。代表文物有西周时期的何尊、颂壶、大盂鼎等。

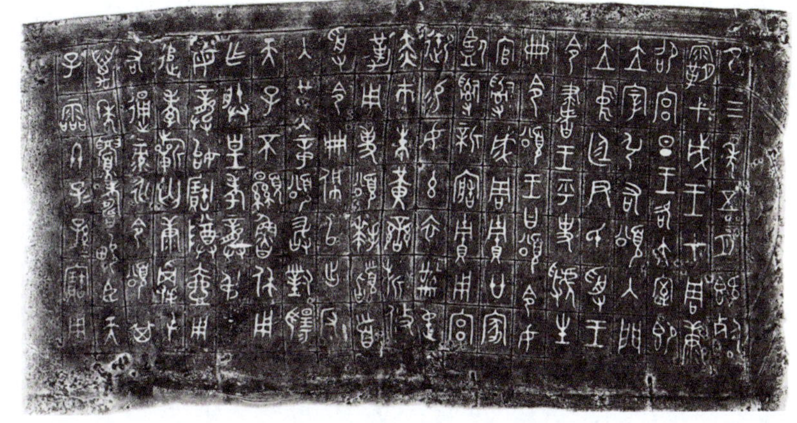

▪ 颂壶及其内部铭文

春秋战国及后世

到了春秋战国时期，青铜器继续发展。青铜器铸造技术由中原地区扩展到北方游牧地区、巴蜀和吴越地区。新的铸造工艺——失蜡法出现。青铜乐器和兵器的铸造技艺在这一时期达到了新的高度，曾侯乙编钟和越王勾践剑的出土就是最有力的证明。战国中期以后，由于铁器的普及，青铜器在物质文化中的重要地位逐渐被取代。

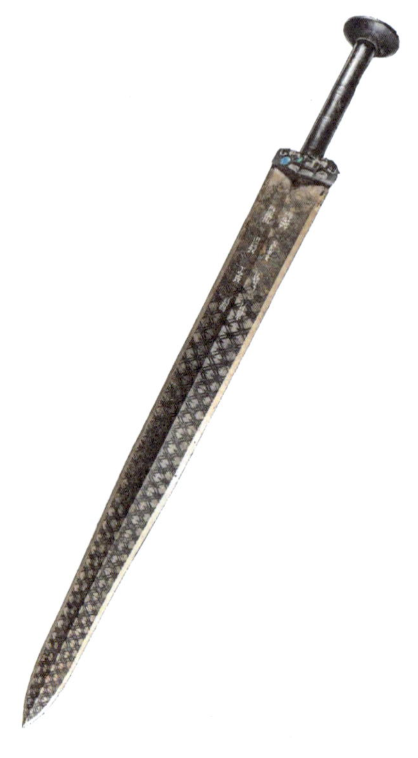

▪ 越王勾践剑

秦代以后，中原地区的青铜器更多地被铁器、金银器、漆器、瓷器等取代。然而，在其他一些地区，青铜器仍具有十分重要的文化承载作用。例如，古滇族制作的青铜器物，采用群雕与浮雕相结合的方式，生动展现了祭祀、战争、生产劳动、贸易等丰富多彩的现实生活场景；又如草原游牧民族的青铜圆雕和透雕饰牌，精美描绘了战斗、狩猎等活动场景。即使在中原地区，青铜器也没有完全没落。汉唐时期巧夺天工的各种铜镜，就可视为商周青铜艺术辉煌的延续。

▪ 唐代盘龙铜镜

中华名匠

欧冶子

欧冶子是春秋时期越国著名工匠，擅长冶金铸造，被誉为中华铸剑鼻祖。

传说，欧冶子少年时就跟从家人学会了冶金技术，并开始冶铸青铜武器和生产工具。他既肯动脑筋，又能吃苦耐劳，因此练就了高超的技艺，并拥有了强健的体魄。随着一件件精美的青铜器从他手中铸造出来，欧冶子的名声越来越大，成了当时最负盛名的铸造大师。

后来，欧冶子受越王之命铸剑。他携全家遍访闽浙一带名山，最后来到今天福建松溪县南的湛卢山。这里不仅资源丰富，还拥有十分适合淬剑的清泉。于是，欧冶子一家便定居于此，专心铸剑。经过 3 年的不懈努力，欧冶子终于铸造出了锋芒盖世的湛卢剑。传说，为了测试这把剑的性能，欧冶子挥剑朝一块巨石砍去，巨石轰然裂开。还有人说，此剑可让头发及锋而断。此后，欧冶子又铸造了纯钧、巨阙、胜邪、鱼肠等名剑，并将它们与湛卢剑一起交给了越王。越王视这些剑为国宝。后来，越王勾践因战败，不得不将湛卢剑进贡给了吴王夫差。相传，湛卢剑竟因夫差无道而自行离开，飞至当时素有仁义之名的楚王身边。从此，湛卢剑也就有了仁道之剑的名声。

欧冶子铸剑

传说，楚王也曾托付当时有名的相剑师风胡子，带着稀世珍宝去聘请欧冶子铸剑。欧冶子答应了楚王的请求，他携家人凿穿茨山，排干溪水，挖取精美的矿石，最终铸成了三把剑，分别取名龙渊、泰阿和工布。剑铸成后，风胡子拿去献给楚王。楚王看到这三把剑精光闪烁、神采不凡，就向风胡子询问剑名的由来。风胡子解释道，其中一把剑的纹饰形状如同在千丈高山上俯视无底深渊一般深邃神秘，因此取名龙渊；另一把剑的纹饰形状雄伟壮丽，宛如高山倾泻而下的流水之波，故而取名泰阿；还有一把剑的纹饰直至剑脊而止，其光华如同珍珠般闪烁不定，纹理绵绵不绝如流水般流畅，因此取名工布。

据说龙渊剑后来几经辗转，落入唐朝开国皇帝李渊手中，成了他的佩剑。当时为避免与李渊的名字重合而产生忌讳，人们便将“龙渊”改名为“龙泉”，从此“龙泉宝剑”的美名便传颂开来。

欧冶子所铸造的宝剑都有一段神奇的故事。可以说，欧冶子造就了这些宝剑的传奇色彩，而这些宝剑也反过来成就了欧冶子的不朽英名。尽管欧冶子并未像儒家圣贤或诸子百家那样因经典著作而流芳史册，但他与其他默默无闻的先秦工匠们共同创造了中国历史上璀璨的青铜时代。他们留给后人的不仅仅是精妙的技艺和巧夺天工的作品，更重要的是那种穿越时空、历久弥新的工匠精神。

文明价值

青铜冶炼、青铜器铸造的发展推动了中国冶金技术和金属器具制造技术的整体进步，大大提升了中国古代农业、手工业和军事装备水平，显著提高了当时的社会生产力。因此，青铜冶炼、青铜器铸造的发展可谓中华文明的重要基石。

青铜礼器是中国礼乐文化的重要载体。中国古代的青铜器种类繁多，数量庞大，工艺精美。除了大量的食器、酒器、乐器、兵器之外，还有奴隶主贵族用于祭祀、宴飨、朝聘、征伐及丧葬等礼仪活动的礼器。礼器须按一定的方式组合陈列，这是礼乐制度的重要体现。青铜礼器可用来代表使用者的身份、等级和权力，部分青铜礼器还具有浓重的原始宗教色彩。

青铜器为我们了解夏商周时期的文化提供了难得的样本，为后人探寻中华文明的源头打开了一扇窗。尽管青铜器的实用价值主要体现在战国以前，但青铜器在中华传统文化中的影响力却从未减弱，至今仍发挥着重要作用。

匠心接力

1. 根据所学并查阅资料，谈谈商代的后母戊鼎是通过怎样的工艺铸造而成的。

2. 中国古代知名的冷兵器制造工匠除欧冶子外，还有干将、莫邪、徐夫人、张鸦九等人。查阅资料，了解他们的经历，并与欧冶子的故事相对照，找出这些人物在精神品质方面的相同之处。

鼓风器

冶金助力

你见过传统风箱吗？这是一种活塞式木风箱，大致为方形或筒形，一端有手柄，一推一拉间送风不断。在没有燃气的时代，传统风箱的常见应用场景是向炉灶里鼓风，把火生旺。其实，作为一种鼓风器，这类风箱更多用于冶金。那么，鼓风器在冶金过程中的作用是什么？中国古代的鼓风器还有哪些？它们经历了怎样的发展历程？这些鼓风器的工作原理各是怎样的？

造物小史

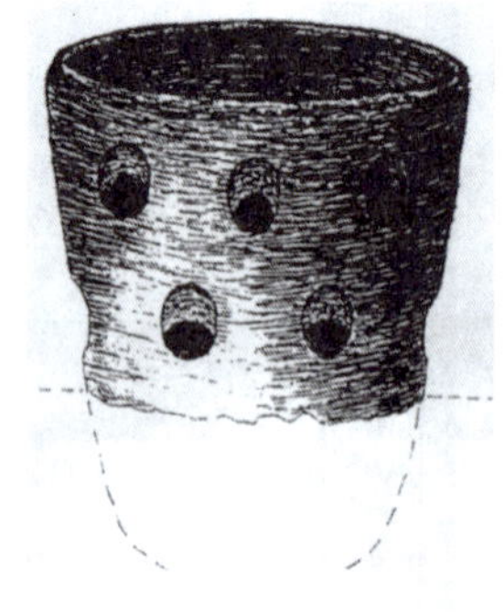

辽宁牛河梁遗址出土的冶铜炉壁复原示意图

劳动人民在开矿、冶金、铸造、制瓷、扬谷，以及生火取暖、烹饪等活动中，均需要定向气流来提高劳动效率。因此，一系列鼓风设备被发明出来。中国古代工匠很早就将鼓风技术应用到金属冶炼中，推动了冶铜、冶铁工艺的不断发展。

人力吹管

新石器时代的先民已经认识到，冶炼铜矿时向炼炉里鼓风，可以提升炉内温度，从而提高冶炼效率。考古发现，距今 5 000 多年前的辽宁牛河梁遗址出土的冶铜炉的炉壁上，有

12 个用于人力吹管鼓风的小孔。这些鼓风孔向下倾斜，分两排上下交错排列，这样的设计有利于将鼓入的气流集中到炼炉中心，以达到助燃的效果。其他冶炼遗址中，还出土了陶制鼓风管。

人力吹管的使用促进了早期冶金技术的发展。然而，由于人力吹气中的含氧量比空气低，且风量有限，导致冶炼温度难以达到较高的水平。

皮橐鼓风器

为了适应冶金产业发展的需求，工匠发明了皮橐鼓风器。皮橐鼓风器的主体是由兽皮缝制而成的皮囊，两端开口，一头安装用于排气、进气的风门和拉杆，另一头连接伸入炼炉的管道。使用时，工匠推拉拉杆，就可完成鼓风作业。鼓风器上的风门为活门，能够利用气流自行开闭，进一步简化了操作。

西周时出现了多橐鼓风技术，即在炼炉上留一个以上的通风口，分别连接皮橐鼓风。春秋战国时期的文献对橐类鼓风器已有提及，如《道德经》载“天地之间，其犹橐龠乎”，《墨子》载“具炉橐，橐以牛皮”等，说明橐类鼓风器在当时已被人们所熟知。制橐技术是先秦时冶金工匠的一门必修课。在《礼记》中就有“良冶之子，必学为裘”的记载，这里的“裘”即皮橐。汉代文献已有用皮橐鼓风炼铁的明确记载，同时期的画像石也生动展现了这一场景。

水排

汉代，社会对生铁的大量需求促使冶铁技术不断提升，其中也包括鼓风技术的改进。东汉南阳郡太守杜诗发明了水排，利用水力取代人力驱动鼓风器，显著提高了风压和风量，从而大幅增加了生铁产量。《后汉书》记载，水排“用力少，建功多，百姓便之”。水排的发明是鼓风器的一次重大技术革新。而欧洲直到 13—14 世纪才开始将水力应用于鼓风技术，比中国晚了 1 200 年。

▪ 卧轮式水排

木扇

唐宋时期，更大、更坚固的木制鼓风器逐渐取代了皮橐，成为主要的鼓风机械。始用于唐代的木扇，以推拉杆带动木箱盖板来鼓风。甘肃榆林窟的西夏壁画显示，工匠操作双门木扇，两门一前一后相继鼓风，形成连续风流。双门木扇保证了连续、足量气流的供给，这是鼓风技术的一大进步，促进了冶铁效率进一步提高。

甘肃榆林窟西夏壁画中的双门木扇

活塞式木风箱

明清时期，活塞式木风箱得到了广泛使用。这种风箱有拉手可推拉风板。风板在推拉过程中都会挤压空气，使活门自动开闭，产生较为连续的气流，从而提高风压和风量。这种风箱为当时手工业和农业的发展提供了有力的技术支撑。英国科学技术史学家李约瑟高度评价了中国的活塞式木风箱，认为其结构与工业革命时期瓦特改良的蒸汽机有相似之处。这种风箱有方形和筒形两类。相比方形风箱，筒形风箱能够承受更高的压强，高压下气密性更好，同等材料下容积更大，在冶炼中的应用更为普遍。活塞式木风箱的使用场景并不仅限于冶金和铸造，人们还将其用于制瓷，也用于日常炉灶生火。

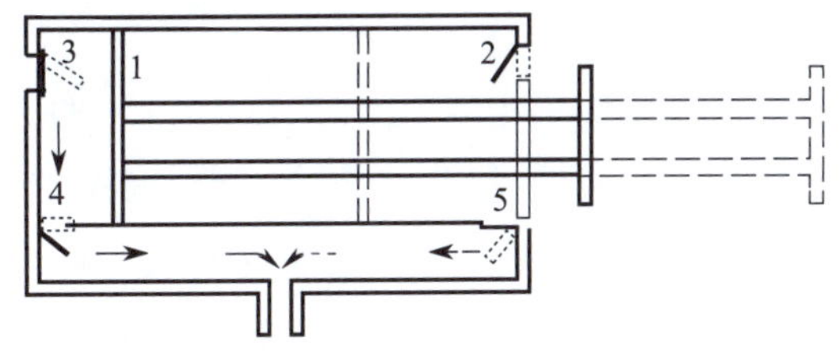

活塞式木风箱原理示意图
1—风板及拉手
2~5—活门

从人力吹管到皮橐、水排，再到活塞式木风箱，我国古代的鼓风技术不断发展完善，也较早利用水能为动力，提高了鼓风效率。鼓风技术的持续进步，是中国古代冶金技术在 17 世纪以前领先世界的重要原因之一。

活塞式木风箱在冶金中的应用

中华名匠

杜诗

杜诗，字君公，东汉初期河内汲（今河南省卫辉市）人，历任功曹、侍御史、成皋令、沛郡都尉、汝南都尉等职。由于他办事干练，有决断，且一心为公，受到汉光武帝刘秀的赏识。

后来，杜诗调任南阳太守。南阳是一个大郡，又是刘秀的老家。刘秀集团中的一些重要人物大多是出自南阳的豪强富户。他们倚仗权势，横行乡里，肆无忌惮，因此一般人都视到南阳做官为畏途。为改善民生，恢复和发展西汉末年以来的农业生产，杜诗到南阳以后就着手打击豪强，兴修水利，扩大耕地面积。经过仔细考察，杜诗意识到要恢复和发展农业还必须有足够的农具，而生产农具就必须依靠冶金和铸造行业。其实，南阳是东汉时期最为重要的冶炼中心。但是，由于鼓风设备落后，短时间铸造大量农具仍然十分困难。

那么，当时南阳的鼓风设备是什么呢？杜诗在民间考察发现，当时普遍使用的鼓风设备称为“排橐”，简称“排”，就是把许多皮橐排列起来，通过几个进风管，同时向炉里鼓风。靠人推拉排橐鼓风，十分耗费人力，即使改为畜力鼓风，也需要很多家畜。为了解决这一矛盾，杜诗到任不久就召集工匠，在前人经验的基础上，共同设计并制造了水排，即以水流为动力的排橐。

元代王祯在《农书》中对水排结构做了详细说明。此书记录的水排有两种：一种是立轮式，一种是卧轮式（见前文）。立轮式水排的结构是这样的：在排橐前安装一根木簨，在木簨的头部装有一个半月形的偃木，并且用绳索挂起来。同时在排橐前适当位置竖埋一根劲竹，在顶端拴上绳索，绳索的另一头和排橐相连。立轮式水排的动力依靠水流。在水流湍急的河旁，安好竖立的大木轮，轮上有叶片。立轮的中心贯通一根卧轴，轴上装有拐木。当水流冲击立轮叶片时，立轮转动，带动卧轴和拐木转动。拐木打击偃木，偃木通过木簨推动排橐，把风鼓入炉里。当转动的拐木离开偃木，被带弯了的劲竹就恢复原来的直立状态，从而使排橐重新充气。这样循环往复，就能不断鼓风。为了提高效率，可以在卧轴上安装多排拐木，这样，一套机构就可以带动多组排橐一起工作。有的水排将排橐换成了排扇，原理大同小异。

立轮式水排结构简单，容易制造，而且可以在水流落差不太大的情况下工作，便于推广，因而适用于小型冶金作坊。

杜诗带领工匠发明的水排显著提高了农具制造效率，推动了南阳农业的迅速恢复和发展。从长期看，水排的发明为中国古代冶金业带来巨大变革，在世界冶金史和机械工程史上都占有一席之地。

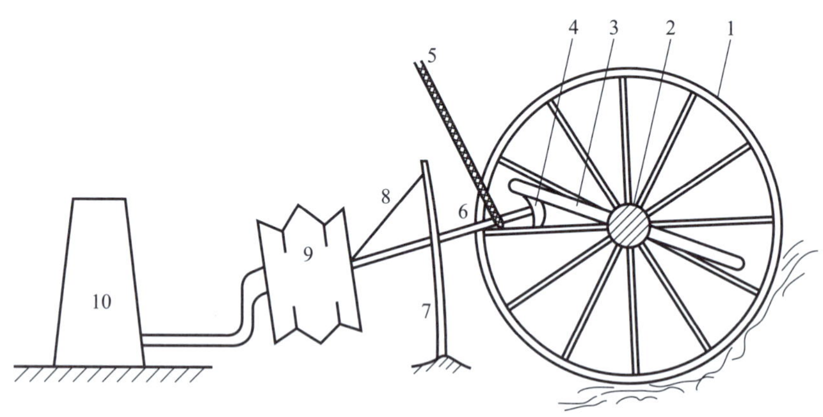

▪ 立轮式水排示意图
1—水轮　2—卧轴　3—拐木　4—偃木　5—秋千索
6—木簨　7—劲竹　8—牵索　9—排橐　10—冶铁炉

文明价值

鼓风器的不断革新使金属冶炼的炉温得以不断提高，而冶金技术水平与炉温密切相关。因此，鼓风器的发展为中国古代冶金业的发展提供了坚实的技术保障。

鼓风器的发展降低了冶金和铸造的成本，提高了生产效率，为青铜器和铁器的广泛应用开辟了广阔的空间。

鼓风器的不断改进，为农具、手工业工具、兵器等器具的不断发展奠定了坚实基础，为有关行业生产力的提升提供了动力。

鼓风器的发展，尤其是水排的出现，打破了以往依赖人力或畜力的局限，创造了利用自然界能源的典范，为其后的科技发展提供了极具价值的启示与借鉴。

匠心接力

1. 从单橐到排橐，从人力排橐到水排，从皮橐到木扇和活塞式木风箱，请谈谈你对鼓风器发展原因的认识。

2. 根据所学，你认为是什么促使杜诗带领工匠发明水排？作为新时代的技能人才，你应该怎样传承和弘扬杜诗的精神品质？

火药和火器

战争力量

大约在南朝的梁代，人们习惯于新年在庭前烧爆竹，即把竹子放在火里燃烧，产生噼里啪啦的爆裂声。宋代，烧爆竹被燃放火药爆竹取代。火药爆竹即现代的炮仗或鞭炮。这就是火药应用的雏形。那么，火药是如何发明的？火药对人类文明的发展起到了怎样的影响？

造物小史

火药是中国古代四大发明之一，其种类繁多。中国古代发明的是黑火药。古人制备黑火药的主要原料包括硝石（主要成分是硝酸钾）、三黄（硫黄、雄黄、雌黄，均为含硫物质），以及能制备炭的物品如沥青、油脂、草木灰等。这些原料按一定比例混合在一起，遇热会发生剧烈燃烧；如果是在密闭空间燃烧，就会发生爆炸。由于这一性质，火药很快既被用于庆祝，也被用于战争。而且，为了配合火药的使用，火器迅速发展起来。

源自炼丹的发明

火药的诞生离不开中国古代的炼丹术。所谓炼丹术，就是在丹炉中烧炼矿物以及其他物质，以寻求“长生不老药”的方术。秦汉时期，炼丹活动就因统治阶级的推波助澜而兴盛起来。炼丹的道士们尽管没有得到真正的长生不老丹药，却意外发明了火药。

东晋道士葛洪所撰《抱朴子》中有用雄黄、硝石、猪大肠和松脂共炼丹药的记载。但是，书中没有关于这种丹药燃烧和爆炸性质的说明。唐代，与火药相关的炼丹配方、物质属性方面的记载多了起来。例如，医学家、炼丹家孙思邈的著作记载了将木炭一类物质和硫黄、硝石混合燃烧的“伏火硫黄法”。这说明，当时的炼丹家已经懂得利用此类混合物的易燃特性。成书不晚于10世纪的《真元妙道要略》对此类混合物的属性进行了详细说明：“有以硫黄、雄黄合硝石并蜜烧之，焰起烧手、面及烬屋舍者。”综合各方面史料，可认为火药大致发明于唐代。

▪ 葛洪炼丹图　李铣　作

諸家神品丹法

黄三官人伏硫黄法

硫黄雌石白南礬各四両生姜自然汁半碗磨刀水半碗將此水搽皂角五定取汁半碗化前三味藥成汁如稀相似以鐵器於火上煎乾爲末括取末作匱養三七日

伏火硫黄法

硫黄硝石各二両令研右用銷銀鍋或砂罐子入上件藥在内掘一地坑放鍋子在坑内與地平四面却以土填實將皂角子不蛀者三箇燒令存性以鈐逐箇入之候出盡焰即

▪ 古籍中关于伏火硫黄法的记载

早期应用与传播

在宋代，制造和燃放由火药制成的爆竹和烟花已很普遍。北宋汴梁城、南宋临安城等繁华都市内都有很多火药匠、烟火师和烟火作坊。每当节庆，都有大量爆竹、烟花售卖和燃放。南宋时，工匠发明了利用火药喷射推动上天的烟花，成为后来火箭类武器的鼻祖。南宋词人辛弃疾这样描写当时的烟花："东风夜放花千树，更吹落，星如雨。"由于火药源自炼丹配药，古人也曾将其用作药剂。明代李时珍在《本草纲目》里收录有火药方剂，用以杀虫、避湿气和瘟疫。

火药更重要的用途是在军事方面。在唐末混战中，火药首次应用于战争。北宋大力发展火药武器，并在首都汴梁设专门制造火药的火药作。曾公亮等编撰的《武经总要》记录了 3 种火药配方，分别用于火炮、毒药烟球、蒺藜火球等火器。这些火器可产生燃烧、放毒、发烟等杀伤和破坏功能。北宋的火药、火器研制在当时世界上处于领先地位，拉开了火器时代的序幕。

火器在南宋、金、蒙古（元）等政权之间的战争中不断发展。13 世纪初，金军在与南宋、蒙古作战时，使用了"铁火炮""震天雷"等铁壳火药弹。与《武经总要》记载的低硝燃烧性火器不同，金军改良了火药配方，提高硝石含量，制成上述爆炸性火器。南宋军队后来也制造了为数众多的铁火炮以抵御外敌。蒙古灭金之后，虏获了金军大量的工匠和火器，还把金军火药匠和火器手编入蒙古军队，这支火器部队成为蒙古军中重要的军事力量。1235 年，蒙古发动了第二次西征，火器部队也随军远征。在随后几年中，装备火器的蒙古军横扫欧亚大陆。蒙古西征使火药技术从中国传到中亚、西亚和欧洲。14 世纪，欧洲各国开始制造和使用火器。

发展与回传

元明时期，火药武器取得显著发展。元代发明的管形射击火器由铜铸成，被称为“铳”。按照口径大小，当时的铳分为碗口铳和手铳两种。其原理与现代枪炮一致，都是通过火药燃烧产生的推力将弹丸发射出去。明洪武年间铸造的铁炮，长约 1 米，重约半吨，形制较铜火器大得多。另外，明军还发明了火箭、地雷等火器。在火药制造工艺方面，元代兵书记载了 30 余种军用火药配方，含硝量从宋代火药的约 50% 提高到约 80%。明代兵书中记载的火药配方，与近代以来通行的黑火药配方（硝 75%，硫 10%，炭 15%）基本一致。明代中期以后，颗粒状火药逐渐取代了粉末火药，进一步提升了威力。

元代碗口铳

明代中期，葡萄牙的佛郎机铳、鸟铳、西洋大炮等火器传入中国，经工匠仿制、改良，成为明、清官军配备的常规火器。这些枪炮属于火绳枪、燧发枪、前装滑膛炮，是当时世界上的先进火器。不过，清康熙朝之后，中国在发明和改良火器方面停滞不前，与欧洲的差距逐渐拉大。直到清末的洋务运动，中国才重启火器研制。

明代定辽大将军铜炮

悠悠千年，中国火药和火器对世界的影响之大少有可比。纵观历史，以延年益寿为初衷，却成就战争利器的发明过程更可谓罕见。但是，无论战争与和平，中国古代工匠的探索与创新，都加速了人类文明的进程。

中华名匠

赵士桢

赵士桢（约1553—1611），字常吉，号后湖，明代军事发明家、火器研制专家，浙江温州乐清人。他所处的时代，明朝国力已由盛转衰，官僚腐败、民生凋敝，外族威胁与内部忧患交织，尤其是北部边疆游牧部落的侵扰和日渐猖獗的倭寇对沿海地区的侵害，已然给日渐虚弱的明帝国带来了严重的威胁。少年时期，赵士桢目睹了家乡遭受倭寇侵犯的凄惨情景，甚至有亲戚被倭寇掳走。那时的他最喜欢听戚继光和戚家军抗倭除寇的故事，心中埋下了强军御掳、保卫家园的种子。

成年后的赵士桢喜谈兵事，为人慷慨有胆略，交游广阔。他曾遍访抗倭中屡树战功的林声芳、吕慨、叶子高等诸将，常常同他们朝夕探讨，深入交流，并从中了解到火器在抗倭战斗中的重要作用。后来，他进入鸿胪寺为官，得以和外国的使臣、商人进行广泛交流，较全面地了解到国外的政治军事形势及西方的火器发展状况。赵士桢那时就已明白，相较同期西方火器而言，明朝的火器存在明显不足。比如，弹药装填过程复杂，往往需要几分钟才能装填完毕；射击速率过低，需要等待枪口冷却，才能继续装填火药，远不及弓弩迅捷方便；等等。

于是，他积极找寻各方渠道汲取火器知识，不仅向当时《火攻大全》的作者虚心求教，还向前辈们了解明朝使用火器的具体情况。万历二十四年（1596），他在同乡游击将军陈寅处见到了西洋番鸟铳，很受启发。不久，赵士桢又结识了鲁密国人朵思麻，在他那里见到了鲁密铳。于是，赵士桢虚心请教，不久就掌握了鲁密铳的原理。

赵士桢著作中所绘掣电铳使用战术

万历二十五年（1597），赵士桢向朝廷大力呼吁改良火铳，并获朝廷首肯。此后，赵士桢陆续研制出掣电铳、迅雷铳、震叠铳、翼虎铳、三长铳、奇胜铳、鹰扬炮等多种理念领先、技术先进、实用性强的枪械，还发明了效果惊人的火箭溜。火箭溜发射的不是普通弹丸，而是小型火箭。使用时，将火箭装入发射筒内并点火，在筒上所装简单瞄准仪器的配合下，火箭按一定的方向和角度被发射出去，射程可达 1 千米。抵达目标后，所携火药发生小型爆炸并燃烧，不仅威力较大，精确度也很高。万历三十年（1602），明朝官方在北京宣武门外对赵士桢研制的火铳进行试验，获得成功，遂将这些火器投入生产。

明代学者茅元仪在《武备志》中曾对赵士桢的发明给予高度评价，赞其火器“真夺天工，为神物也”。清代学者纪昀在《四库全书总目提要》中也提到赵士桢的成就，认为其火器制造技艺“实开后来之风气”。

赵士桢的理论贡献也很大。他系统梳理了自己多年以来的收获、认识和感悟，精心撰写了《神器谱》《神器杂说》《恭进神器疏》《防虏车铳议》《铳图》等多种论著。其中，《神器谱》是中国古代火器制造的重要文献，它不仅总结了赵士桢个人的制造经验，还汇集了当时火器制造的先进技术和理论，为后世火器的发展提供了宝贵的经验和理论指导。

文明价值

火药和火器的发明标志着热武器登上历史舞台，引发了军事领域的变革，改变了战争的形态，推动人类文明不断进步。

中国是最早将火药和火器运用于军事的国家。当霹雳炮、火龙筒、震天雷、火铳等武器装备了军队，战争形式和军事理论就发生了明显改变。专门的火器部队，如明朝的神机营，由此诞生，战车也因能够装载火器而重新受到重视。加上原有的步兵、骑兵和水师，古代军队的兵种更加多元化。《火龙神器阵法》《火攻挈要》《火龙经》《火攻阵法》等古代军事著作都是专门阐述火器制造、使用，及相关战术的专著。

火药和火器的发明和运用促成了欧洲步兵的兴起。当火药和火器由中国传到欧洲，被意大利人掌握时，他们开始制造铁炮、铁铳以及其他金属管形火器。随后，火器传遍了欧洲，促使欧洲骑兵衰落和步兵兴起，并引发了欧洲军事领域的变革。

火药和火器的发明和运用推动了科技发展。为了满足制造更好火器的要求，与弹道计算相关的数学、力学，与火药成分、火器材料相关的化学等科学都取得了进步。冶金、铸造、机械加工等技术更是不断迈上新的台阶。

火药和火器的发明和运用一方面对防御工事提出了更高要求，另一方面也给开山拓路提供了便利，从而使房屋、道路、桥梁、涵洞等土木工程技术发生革命性变革。火药和火器在欧洲的广泛使用使得欧洲原本的城堡建筑遭到毁灭性打击。意大利首先出现新式城堡，随后英格兰也出现了防御火器打击的新式建筑。同时，火药爆破也逐渐成为道路、桥梁、涵洞建设中土石方工程实施的重要手段，显著提高了生产效率。

匠心接力

1. 赵士桢为何走上军事发明的道路？结合所学并查找相关资料，总结决定赵士桢在军事发明方面取得成功的因素，谈谈你从中获得了怎样的启发。

2. 中国发明了火药，并在世界上最早将火药和火器用于军事。中华人民共和国成立以后，中国的军工事业得到了长足发展。请查阅资料，了解技能人才为当代中国军工事业作出的贡献。